抽水蓄能电站
基建安全管理
名词术语解析

新疆哈密抽水蓄能有限公司　组编

中国电力出版社
CHINA ELECTRIC POWER PRESS

图书在版编目（CIP）数据

抽水蓄能电站基建安全管理名词术语解析 / 新疆哈密抽水蓄能有限公司组编 . —北京：中国电力出版社，2021.7
ISBN 978-7-5198-5742-4

Ⅰ . ①抽… Ⅱ . ①新… Ⅲ . ①抽水蓄能水电站－工程施工－安全规程－名词术语 Ⅳ . ① TV743-61

中国版本图书馆 CIP 数据核字（2021）第 126871 号

出版发行：中国电力出版社
地　　址：北京市东城区北京站西街 19 号（邮政编码 100005）
网　　址：http://www.cepp.sgcc.com.cn
责任编辑：谭学奇（010-63412218）
责任校对：黄　蓓　李　楠
装帧设计：王红柳
责任印制：吴　迪

印　　刷：北京九天鸿程印刷有限责任公司
版　　次：2021 年 7 月第一版
印　　次：2021 年 7 月北京第一次印刷
开　　本：880 毫米 ×1230 毫米 32 开本
印　　张：4.25
字　　数：77 千字
印　　数：0001—1000 册
定　　价：30.00 元

本书编写人员

主　　编	韩树军
副主编	李国和　董金良
编写人员	罗　涛　唐　凯　王吉康　陈　陆　刘　洋
	高俊波　韩昊男　李海江　栾春林　田浩杰
	李少春　高国庆　李　显　索　飞　晏　飞

前言

　　抽水蓄能电站具备调峰、填谷、调频、调相、事故备用等多种功能，在保证电力系统安全稳定运行中发挥着重要的作用。随着国家经济社会的快速发展，对电力系统的要求急剧提高，同时随着我国风电、太阳能发电等可再生能源引领式的发展以及"碳达峰、碳中和"目标的提出，我国已进入了抽水蓄能电站建设的快速发展时期。在抽水蓄能电站建设过程中，有关抽水蓄能电站建设相关安全管理的国家法律法规、行业规范等相关规章制度，对基建安全管理名词存在不同的定义或表述，该情况常造成抽水蓄能电站基建安全管理人员对相关基建安全名词定义把握不准、理解不清等问题。本书全面总结梳理国家及各行业最新关于安全生产法律法规、技术标准有关抽水蓄能电站基建安全管理内容，结合抽水蓄能电站建设管理特点，对抽水蓄能电站基建过程中涉及的安全管理名词术语进行解析，力求简明实用，以便基建安全管理人员准确掌握抽水蓄能电站基建安全管理相关内容，提升抽水蓄能电站建设施工安全管理水平。

　　本书由韩树军担任主编，李国和、董金良担任副主编编写过程中得到了国网新源控股有限公司各基层单位安全管理方面专家和技术人员的大力支持，在此一并感谢。

　　限于编者水平，书中难免存在不足与疏漏之处，敬请广大读者批评指正。

编 者

2021 年 5 月

目录

前言

1 **一般术语** ……………………………………………………… 1

1.1 安全生产 ……………………………………………… 2

1.2 安全生产责任制 ……………………………………… 2

1.3 安全生产管理机构 …………………………………… 3

1.4 工程建设安全生产委员会 …………………………… 4

1.5 安全生产保证体系 …………………………………… 5

1.6 安全生产监督体系 …………………………………… 6

1.7 安全生产标准化 ……………………………………… 6

1.8 施工安全管理策划 …………………………………… 7

1.9 专职安全生产管理人员 ……………………………… 10

1.10 兼职安全生产管理人员 ……………………………… 10

1.11 三级安全教育培训 …………………………………… 10

1.12 安全生产费用 ………………………………………… 12

1.13 安全文明施工措施费 ………………………………… 13

1.14 安全专项施工方案 …………………………………… 18

1.15 施工作业票 …………………………………………… 19

1.16 安全技术交底 ………………………………………… 19

1.17 交叉作业 ……………………………………………… 21

1.18 行为违章 ……………………………………………… 21

1.19 管理违章 ……………………………………………… 22

1.20 装置违章 ……………………………………………… 22

1.21 习惯性违章 ·························· 22

1.22 有限空间 ···························· 23

1.23 安全性评价 ························ 25

1.24 本质安全 ··························· 25

1.25 企业安全文化 ···················· 26

2 专业术语 ····························· **29**

2.1 安全风险管控及隐患排查治理 ···· 30

2.2 消防安全 ··························· 38

2.3 施工现场临时用电安全 ········· 42

2.4 爆破作业 ··························· 50

2.5 特种设备 ··························· 56

2.6 特种作业 ··························· 59

2.7 危险化学品 ························ 64

2.8 安全设施 ··························· 68

2.9 安全保卫 ··························· 75

2.10 金属结构与机电设备安装 ······ 77

2.11 职业健康管理 ···················· 78

2.12 应急管理 ·························· 85

2.13 生产安全事故管理 ·············· 91

3 基建安全常用缩写词 ················ **107**

4 引用文件 ···························· **123**

抽水蓄能电站基建安全管理
名词术语解析

1 一般术语

1.1 安 全 生 产

企业为控制或消除生产过程中的危险源或伤害因素，保证生产顺利进行而采取的一系列措施和活动。

【来源：GB/T 15236—2008《职业安全卫生术语》2.4（有修改）】

1.2 安 全 生 产 责 任 制

企业依据安全生产法律法规对各级领导、各职能部门、各岗位人员在生产过程应负的安全责任加以明确的一种制度。

【来源：NB/T 10096—2018《电力建设工程施工安全管理导则》3.3】

解析：安全生产责任制是安全管理工作中一项基本的安全管理制度，《安全生产法》第四条明确规定："生产经营单位必须遵守本法和其他有关安全生产的法律、法规，加强安全生产管理，建立健全全员安全生产责任制和安全生产规章制度，加大对安全生产资金、物资、技术、人员的投入保障力度，改善安全生产条件，加强安全生产标准化、信息化建设，构建安全风险分级管控和隐患排查治理双重预防机制，健全风险防范化解机制，提高安全生产水平，确保安全生产。"

《中共中央国务院关于推进安全生产领域改革发展的意见》

中要求："企业实行全员安全生产责任制度，法定代表人和实际控制人同为安全生产第一责任人，主要技术负责人负有安全生产技术决策和指挥权，强化部门安全生产职责，落实一岗双责。"

抽水蓄能电站工程建设的各参建单位，应按照国家相关法律法规要求建立健全本标段（项目部）安全生产责任制，明确各级、各岗位人员，在施工过程中应履行的职能和应承担的责任，充分调动各级人员和各部门，在安全生产方面的积极性和主观能动性，确保安全生产。

1.3 安全生产管理机构

企业为开展安全生产管理工作而设立的独立职能部门。

【来源：GB/T 33000—2016《企业安全生产标准化基本规范》5.1.2.1（有修改）】

解析：《安全生产法》第二十四条规定："矿山、金属冶炼、建筑施工、运输单位和危险物品的生产、经营、储存、装卸单位，应当设置安全生产管理机构或者配备专职安全生产管理人员。前款规定以外的其他生产经营单位，从业人员超过一百人的，应当设置安全生产管理机构或者配备专职安全生产管理人员；从业人员在一百人以下的，应当配备专职或者兼职的安全生产管理人员。"

抽水蓄能电站工程建设点多、面广、线长，高边坡、洞室掘进、斜井竖井扩挖等高风险作业较多，工程施工中各参建单位应设立专门的安全生产管理机构负责开展安全监督管理工作，保障工程建设安全稳定。

1.4   工程建设安全生产委员会

工程建设安全生产委员会是组织协调各参建单位贯彻落实国家安全生产法律法规、行业标准规范，执行工程建设安全管理工作要求，协调解决工程建设过程中各参建单位安全管理重大事项等工作的安全生产组织领导机构。

【来源：GB/T 33000—2016《企业安全生产标准化基本规范》5.1.2.1（有修改）】

解析： 建设工程开工前，应由建设单位牵头成立工程建设安全生产委会，统筹负责工程建设安全管理工作，工程建设安全生产委会以建设单位主要负责人为主任，建设单位分管领导、总监理工程师、施工项目部项目经理和设计项目部项目经理为副主任，参建单位安全监督管理和工程管理等部门负责人为成员。

工程建设安全生产委员会应建立安全工作例行会议机制，在工程开工前召开第一次会议，以后每季度至少召开一次安全生产委员会会议，检查安全工作的落实情况，研究解决工程施工过程中存在的安全问题，会议由安全生产委员会主任主持，或委托常务副主任主持。

1.5　安全生产保证体系

建设工程安全保证体系一般由各参建单位（项目部）主要负责人、各分管生产相关副职、技术负责人、工程管理相关部门、办公室、党群等职能部门相关人员组成，其主要负责业务范围内的安全管理工作。

同义词：安全生产保障体系。

【来源：《电力建设施工企业安全生产标准化规范及达标实施指南》5.2.2（有修改）】

解析：抽水蓄能电站工程建设各参建单位相关保证体系人员在开展业务工作时应同时做好安全管理工作，确保安全生产。建设单位的安全生产保证体系一般由建设单位主要负责人、各分管生产相关副职、技术负责人、工程管理相关部门、办公室、党群等职能部门相关人员组成。

施工单位项目部的安全生产保证体系一般由各级施工管理人员及施工人员组成的，包括项目经理、项目副经理，项目总工程师、各部门主管施工技术人员、施工队负责人、施工班组长等。实施中各参建单位可根据自身单位实际组织结构将各分管或负责相关业务工作的领导或人员纳入安全生产保证体系。安全生产监督体系应监督保证体系的有效运转，要做好安全管理工作，安全生产监督体系应与安全生产保证体系形成合力，才能使安全管理整体功能得以发挥。安全监督部门要经常主动与工程管理部门、办公室、人力资源、党群等部门沟通信息，及时向他们通报上级安全管理要求、安全管理工作重点等情况，积极主动听取有关部门的意见和建议。在工作中，安全监督部门应结合工程建设实际情况制定全面的安全管理规划和安全生产目标，如员工安全教育培训、安全设施标准化、安全生产奖惩机制的建立、安全文化的创建等。这些工作不但要有计划，而且要有具体内容和实施方案，通过分阶段、由浅入深地使员工的安全生产意识、安全生产技能，以及本单位安全生产基础得以不断提高。

1.6 安全生产监督体系

建设工程安全监督体系一般由各参建单位（项目部）主管安全负责人、安全总监、安全监督管理部门、专职安全员、班组安全员等相关人员组成，其主要负责安全管理工作的监督和综合协调。

【来源：《电力建设施工企业安全生产标准化规范及达标实施指南》5.2.3（有修改）】

1.7 安全生产标准化

通过落实企业安全生产主体责任，全员全过程参与，建立并保持安全生产管理体系，全面管控生产经营活动各环节的安全生产与职业卫生工作，实现安全健康管理系统化、岗位操作行为规范化、设备设施本质安全化、作业环境器具定置化，并持续改进。

【来源：GB/T 33000—2016《企业安全生产标准化基本规范》3.1】

解析：安全生产标准化建设是一项系统性安全管理工作，其基本涵盖了安全管理工作的基本要点。抽水蓄能电站工程各参建单位应从目标职责、制度化管理、教育培训、现场管理、安全风险管控及隐患排查治理、应急管理、事故管理、持续改进等方面，落实各参建单位领导责任、确保全员参与、构建双重预防机制，以实现施工作业安全管理系统化、岗位操作行为规范化、设备设施本质安全化、作业环境器具定置化，促进现场各类隐患的排查治理，推进安全生产长效机制建设，有效防范和遏制事故发生。

1.8 施工安全管理策划

建设工程开工前，建设单位对工程的安全管理工作进行全面策划，策划文件内容包括：安全生产管理组织机构、安全生产文明施工管理、安全风险管理、应急和事故处理等，其他参建单位依据施工安全管理策划文件，编制本单位安全管理策划文件并在工程开工前完成。

【来源：NB/T 10096—2018《电力建设工程施工安全管理导则》5.2（有修改）】

解析：施工安全管理策划是指导工程建设安全管理工作的指

导性文件，工程开工前应由建设单位组织开展编制，施工安全管理策划其编制的重点内容详见表1-1。

表1-1　　　　　抽水蓄能电站工程施工安全管理
策划编制章节及重点内容

序号	章节	重点内容
1	1.1 安全管理组织机构	安全管理组织机构策划内容应包括（但不限于）： a）应成立工程安全生产委员会（以下简称"安委会"），明确安委会组织机构设置要求，明确安委会组建单位及主要人员组成。 b）应明确各参建单位在合同工程开工前建立与之相应的安全管理组织机构和四级安全网络。 c）应简述工程安全保证体系的组成，编制安全保证体系组织结构图。 d）应简述工程安全生产监督体系的组成，编制安全生产监督体系组织结构图
2	1.2 安全管理工作职责	应明确安委会、各级安全管理组织机构职责；明确安全保证体系和安全生产监督体系各级人员职责
3	1.3 安全生产文明施工管理措施	安全文明施工管理措施策划内容应包括（但不限于）： a）明确安全教育培训管理要求，应建立教育培训管理相关制度，阐述教育培训计划编制、培训方式选择、内容要求和督促检查等内容。 b）明确例行会议管理要求，应建立例行会议管理相关制度，阐述例行会议类别、频次、目的及组织管理等内容。 c）应明确国家、行业及上级主管部门安全文明施工管理要求，明确需要建立的安全管理标准和实施细则，以及各参建单位应建立的安全管理台账。 d）应针对施工分包管理，提出资格准入、分包合同审查、分包安全管理等方面的管理措施。 e）应对职业健康管理，提出职业健康管理工作内容及措施。 f）应阐述安全检查（包括例行检查、专项检查、随机检查）的具体内容、频次、实施办法和过程管理要求。 g）应重点阐述安全管理考核方面的措施。策划时，可提出具体的安全管理考核实施细则

序号	章节	重点内容
4	1.4 安全生产文明施工设施标准化	安全文明施工设施标准化策划内容应包括（但不限于）： a）明确安全设施总平面定置图编制及审批要求。 b）明确安全设施配置实施计划编制、审批、复核流程
5	1.5 现场布置条理化、机料摆放定置化	现场布置条理化、机料摆放定置化策划内容应包括（但不限于）： a）明确工程现场布置条理化管理要求，应以施工总平面布置图为基础，进一步明确各承包商施工区域内办公、生活营地、施工工厂设施、设备库、材料库及安全文明施工设施等的布置条理化方案，明确方案的编制、审批及实施管理流程。 b）明确施工单位进场后应进行施工设备停放、维修和材料存放场地等平面布置设计要求
6	1.6 环境影响最小化	环境影响最小化策划内容应包括（但不限于）： a）列出环境影响最小化的相关管理规定。 b）对抽水蓄能电站建设环境影响因素进行分析。 c）针对可能产生的环境影响因素，制定应对措施和实施计划，明确实施要求和责任单位
7	1.7 安全风险管理	安全风险管理策划内容应包括（但不限于）： a）列出安全风险管理相关管理规定。 b）提出工程危险源辨识、评价管理要求，确定重大危险因素及预控措施
8	1.8 应急和事故处理	应急和事故处理策划内容应包括（但不限于）： a）应成立工程项目事故预防与应急处置机构，明确各机构成员。 b）应阐述制定事故应急救援预案的目的和开展应急处理的相关工作要求。 c）明确各类应急现场处置方案的编制要求。 d）明确事故（事件）分级负责要求，根据应急响应级别，制定事故（事件）应急响应和报告制度。 e）制定应急预案演练计划

续表

序号	章节	重点内容
9	1.9 施工区域治安保卫、消防及交通管理	施工区域治安保卫、消防及交通管理策划内容应包括（但不限于）： a）应制定施工区域治安保卫管理组织方式、管理目标、管理原则、管理措施等。 b）应明确施工区域消防管理要求、消防设施配置及运行维护要求、消防演练及消防安全教育要求等。 c）应明确施工区域交通管理措施，包括驾驶人员证照管理、交通通行证等管理措施
10	1.10 动态管理	明确安全动态管理主要措施，策划内容应包括（但不限于）： a）组织召开专题会议。 b）对策划方案实施情况进行分析，对好的做法和经验组进行推广、交流。 c）对存在问题进行分析改进等

1.9 专职安全生产管理人员

在工程建设中专职从事安全生产管理工作的人员。

1.10 兼职安全生产管理人员

在工程建设中兼职从事安全生产管理工作的人员。例如部门兼职安全员、班组兼职安全员等。

1.11 三级安全教育培训

施工单位对新入场作业人员在上岗前进行的项目部、工区（作业队）、班组级的安全教育培训。

【来源：《生产经营单位安全培训规定》（国家安监总局令第80号）第三章　第十二条（有修改）】

解析：三级安全教育培训是我国多年积累、总结并形成的一套行之有效的安全教育培训方法。本条主要是针对抽水蓄能电站工程施工单位的三级教育培训进行释义。施工单位三级安全教育培训主要是针对新入职、新上岗施工作业人员进行的培训，其各级培训的内容各有侧重：

（1）项目部安全教育培训，培训重点是本项目安全生产情况及安全生产基本知识、项目部安全生产规章制度和劳动纪律、从业人员安全生产权利和义务、有关事故案例等。

（2）工区（作业队）级安全教育培训是在从业人员工作岗位、内容基本确定后进行，由工区（作业队）组织。培训重点是工作环境及危险因素，所从事工种可能遭受的职业伤害和伤亡事故，所从事工种的安全职责、操作技能及强制性标准，自救互救、急救方法、疏散和现场紧急情况的处理，安全设备设施、个人防护用品的使用和维护，本工区、作业队安全生产状况及规章制度，预防事故和职业危害的措施及应注意的安全事项等。

（3）班组级安全教育培训，由班组组织，班组安全教育培训重点是岗位安全操作规程、岗位之间工作衔接配合的安全与职业卫生事项、有关事故案例等（见图1-1）。

图 1-1 班组级安全教育培训

1.12 安全生产费用

按照规定标准提取在成本中列支，专门用于完善和改进企业或者项目安全生产条件的资金。

【来源：《企业安全生产费用提取和使用管理办法》（财企〔2012〕16 号）第三条】

解析：为了建立企业安全生产投入长效机制，加强安全生产费用管理，保障企业安全生产资金投入，维护企业、职工以及社会公共利益，财政部、原国家安全生产监督管理总局联合制定了《企业安全生产费用提取和使用管理办法》。管理办法对在中华人民共和国境内直接从事煤炭生产、非煤矿山开采、建设工程施工、危险品生产与储存、交通运输、烟花爆竹生产、冶金、机械制造等企业安全生产费用计提和使用标准进行了规定。

现将各建设工程施工类别安全生产费用计提标准列出如下：

(1) 矿山工程为 2.5%。

(2) 房屋建筑工程、水利水电工程、电力工程、铁路工程、城市轨道交通工程为 2.0%。

(3) 市政公用工程、冶炼工程、机电安装工程、化工石油工程、港口与航道工程、公路工程、通信工程为 1.5%。

建设工程的安全生产费列入工程造价，在工程项目招标评标时不纳入竞争。为提升安全文明施工标准，国家电网有限公司所属抽水蓄能电站工程（房屋建筑与装饰工程除外）建设安全生产费用一般以建筑安装工程费的 3.0% 计取。抽水蓄能电站工程附属的房屋建筑与装饰工程施工标段的安全文明施工措施费计列、费用标准和使用一般按照国家、行业或地方建设主管部门相应的规定执行。

1.13　安全文明施工措施费

施工单位按照国家有关规定和施工安全标准，购置施工安全防护用具、落实安全施工措施、改善安全生产条件、加强安全生产管理等所需的费用。

同义词：安全文明施工费。

【来源：《水电工程费用构成及概（估）算费标准（2013

版）》3.4.5】

解析：安全文明施工措施费主要指在工程建设过程中发生的安全生产费用，因此安全文明施工措施费属于安全生产费用中的一类费用。根据《水电工程费用构成及概（估）算费标准》"安全文明施工措施费"为"其他直接费"中的一项"措施费"，在水电工程中"安全文明施工措施费"不包含"环境保护费"和"临时措施费"。在房屋建筑与装饰工程施工中，"安全文明施工费"其包含有四项费用，分别为"环境保护费""文明施工费""安全防护费""临时设施费"，建设单位和监理单位在进行安全文明施工设施投入验收时，应注意区分工程项目的性质、认真研究工程合同相关约定内容，避免发生超范围验收结算安全文明施工措施项目等问题。

在工程招标时，"安全文明施工措施费"中涉及的相关安全文明施工设施，一般在工程量清单中没有出项，因此也无相应清单报价，为规范"安全文明施工措施费"的使用与管理，工程开工前，建设单位应联合监理单位、施工单位，对可能投入到工程中的安全文明施工设施价格，进行市场调研，调研后，发布安全文明施工设施项目执行单价清单，以此作为安全文明施工措施费结算的依据。

在开展安全文明施工设施验收时，各参建单位常常对验收项目是否属于安全文明施工措施费范围产生疑问，现结合抽水蓄能电站工程建设实际，将安全文明施工措施费使用范围清单列出如下，各参建单位可参考表 1-2 开展安全文明施工措施费的验收工作。

表 1-2　抽水蓄能电站工程安全文明施工措施费的使用范围

序号	费用	清单项目
1. 完善、改造和维护安全防护设施、设备支出	施工现场安全防护费	安全防护设施包括："四口"（楼梯口、电梯井口、预留洞口、通道口）和"五临边"（未安装栏杆的平台临边、无外架防护的层面临边、升降口临边、基坑临边、上下斜道临边）等危险部位防坠、防滑、防溺水等设施，防止物体、人员坠落而设的安全网、棚，其他与工程有关的交叉作业防护；防火、防爆、防尘、防毒、防雷、防风、防汛、防地质灾害、有害气体检测、通风、临时安全防护等；办公、生活区的防腐、防毒、防四害、防触电、防煤气、防火患等安全防护；施工营地、场地、施工便道主、被动网或钢支撑临时挡护等临时防护项目的实施需按监理、业主审核批准的施工方案进行，费用据实计量支付
	警示类照明等灯具费	警示类照明等灯具包括：施工车辆、机械、构造物的警示灯、危险报警闪光灯等及施工区域内夜间警示类照明灯具
	警示标志、标牌费	警示标志、标牌包括：各类警示、警告、提醒、指示等标志、标牌
	安全用电防护费	安全用电防护设施包括：各种用电专用开关、室外使用的开关、防水电箱、高压安全用具、漏电保护等设施
	施工现场围护费	施工现场围护费包括：工程施工围挡、现场高压电塔（杆）围护；施工现场光缆、电缆维护；起重、爆破作业及穿越公路、河流、地下管线进行施工、运输作业所增设的防护、隔离、栏挡等设施，对施工围挡有特殊要求路段的围挡费不在此列
	其他安全防护设备与设施费	应计入安全生产费用的其他安全防护设备与设施完善、改造和维护等费用

续表

序号	费用	清单项目
2. 配备、维护、保养应急救援器材、设备支出和应急演练支出	应急救援器材与设备的配备（或租赁）、维护、保养费	包括：应急照明、通风、抽水设备及锹镐铲、千斤顶；灭火器、消防斧等小型消防器材、设备；急救箱、急救药品、救生衣、救生圈、救援梯、救援绳等小型救生器材与设备；防洪、防坍塌、防山体落石、防自然灾害等物资设备。消防车、救护车等大型专业救援设备所发生的相关费用不在此列
	应急演练费	由项目公司依据应急预案，模拟应对突发事件组织的应急救援活动中，应急预案措施投入，应由项目公司承担全部费用，不在施工单位的安措费中列支
3. 重大风险源和事故隐患评估、监控和整改支出	重大风险源和事故隐患评估费	由项目公司、相关行政主管部门组织的，或施工单位委托专业安全评估单位对爆炸物运输、储存、使用时安全检查与评估费用；其他重大危险源、重大事故隐患进行评估所发生的费用
	重大危险源监控费	爆炸物运输、储存、使用时安全监控、防护费用；其他对项目较大危险源进行日常监控所发生的相关费用。施工监控系统不在此列
4. 安全生产检查、评价（不包括新建、改建、扩建项目安全评价）、咨询和标准化建设支出	专项安全检查费	施工项目部聘请专业安全机构或专家对项目安全生产过程中的特殊部位、特殊工艺、特别设备的施工安全检查所支付的相关费用
	安全生产评价费	施工项目部聘请专业安全机构或专家对项目专项施工方案、风险评估进行讨论、论证、评估、评价所支付的相关费用
	安全生产咨询、风险评估费	施工项目部就安全生产工作中存在的问题向有关专业安全机构、咨询单位或专家进行咨询所支付的相关费用，按规定开展施工安全风险评估管理费
	安全生产标准化建设费	施工项目部按照有关规定或者合同约定开展安全生产方面的标准化建设费用

续表

序号	费用	清单项目
5. 配备和更新现场作业人员安全防护用品支出	安全防护物品配备费	项目部根据有关规定在日常施工中必须配备的安全帽、安全绳（带）、荧光服、专门用途的工作鞋、专门用途的工作服、专门用途的工作帽、专门用途的口罩、防毒面具、护目镜、防护药膏、防冻等安全防护物品的购置费用。属职工一般劳动保护用品（如普通的手套、雨鞋、工作服、口罩、防暑用品、防寒用品等）不在此计列
	安全防护物品更新费	项目部对安全防护物品的正常损耗进行必要补充所产生的费用
6. 安全生产宣传、教育、培训支出	安全生产宣传、教育费	包括制作安全宣传标语、条幅、图片、视频等宣传资料所发生的费用
	安全生产教育培训费	包括项目部聘请专业安全机构或专家对施工人员进行安全技术交底、安全操作规程培训、安全知识教育等支出的课时费；专职安全人员、生产管理人员、特种作业人员安全生产专业专项培训费用；安全报纸、杂志订阅或购置费；安全知识竞赛、技能竞赛、安全专题会议等活动费用；举办安全生产展览，设立陈列室、教育室、安全体验馆等费用
7. 用于安全生产的新技术、新标准、新工艺、新装备的推广应用支出	—	—
8. 安全设施及特种设备检测检验支出	安全设施检测检验费	施工项目部对拟投入本项目的安全设施送交或邀请具有相关资质的检测检验机构进行检测检验，并出具相关报告所发生的费用
	特种设备检测检验	施工项目部根据有关规定对拟投入本项目的特种设备、压力容器、避雷设施等邀请具有相关资质的检测检验机构进行检测检验，并出具相关报告所发生的费用

续表

序号	费用	清单项目
9. 其他与安全生产直接相关的支出	体检费用	特种作业人员（从事高空、井下、尘毒作业的人员及炊管人员等）体检费用
	其他费用	招投标时不可预见的，经建设单位与监理单位认可列支的费用

注：施工现场临时用电系统中不包括已含在合同一般项目范围内的施工供电设施支出；通风中不包括地下工程的专项通风费用支出。

1.14 安全专项施工方案

施工单位在编制施工组织设计的基础上，针对复杂自然条件、复杂结构、技术难度大以及危险性较大的分部分项工程，编制的安全技术措施文件。

【来源：NB/T 10096—2018《电力建设工程施工安全管理导则》3.7】

解析：施工单位编制的施工组织设计中应包含安全专项施工方案，明确施工相关安全技术措施。安全技术措施应包括下列内容：安全生产管理机构设置，人员配备和安全生产目标管理计划，危险源的辨识、评价及采取的控制措施，隐患排查治理方案，安全警示标志设置，安全防护措施，危险性较大的分部分项工程安全技术措施，对可能造成损害的毗邻建筑物、构筑物和地下管线等专项防护措施，机电设备使用安全措施，冬季、雨季、高温等不同季节及不同施工阶段的安全措施，文明施工及环境保护措施，消防安全措施等。

1.15 施 工 作 业 票

施工作业开工及三级及以上风险作业前，通过规范的表单形式，明确作业任务、人员、时间以及作业存在的危险因素、安全措施、作业条件等，履行作业许可管理的书面载体。

同义词：安全施工作业票。

解析：施工作业票办理，是落实作业许可管理的一种方式，施工作业开工及三级及以上风险作业前，要求施工单位履行施工作业票办理规定，通过办理施工作业票，要求施工单位在进行施工作业之前，制定详细的风险防范措施，明确作业负责人、监护人，对作业人员进行安全技术交底。作业过程中，参建单位各级人员要按要求履行到岗到位，重点关注施工作业实施过程，及时发现、处理异常情况，确保施工作业安全进行。

1.16 安 全 技 术 交 底

交底方向被交底方对预防和控制生产安全事故发生及减少其危害的技术措施、施工方法进行技术说明和安全告知的技术活动。

【来源：DL/T 5373—2017《水电水利工程施工作业人员安全操作规程》2.0.10】

解析：抽水蓄能电站工程建设开工前，参建各单位应按照要求开展工程建设安全技术交底工作。安全技术交底包括标段工程、单位工程、专项施工方案及作业指导书、日常施工作业等类别的安全技术交底，其主要管理要求为：

（1）标段工程安全技术交底。标段工程开工前，建设单位应组织各参建单位就落实保证安全生产的措施进行全面交底，明确各参建单位的安全生产目标及责任，设计单位就工程地质、水文条件对工程施工安全可能构成的影响，工程施工对当地环境安全可能造成的影响，以及工程关键部位的施工安全注意事项等方面进行交底。交底结束后，应形成会议纪要。

（2）单位工程安全技术交底。单位工程开工前，施工单位技术负责人应就工程概况、施工方法、施工工艺、施工程序、安全技术措施和专项施工方案，向施工技术人员、施工作业队（区）、负责人、工长、班组长和作业人员进行交底。

（3）专项施工方案及作业指导书安全技术交底。专项施工方案施工前，施工单位应就施工方案及作业指导书进行安全技术交底。交底由编制施工方案的工程技术人员进行交底，着重向作业人员告知作业场所和工作岗位可能存在的风险因素、防范措施以及一旦发生事故后的现场应急处置措施等内容。

（4）日常施工作业安全技术交底。每天开工前，施工单位作业队的技术负责人或工程技术人员及安全管理人员，通过对全体作业人员讲解当日施工作业内容的相关安全技术要求和宣读安全施工作业票等方式进行作业前的安全技术交底。日常施工作业的安全技术交底应做到"三交"（交任务、交安全、交技术）和"三查"（查衣着、查"三宝"、查精神状态）。参加交底的所有人员应签字确认，并保持安全技术交底（站班会）记录。

1.17 交 叉 作 业

在同一工作面进行的不同种作业或在不同层次处于空间贯通状态下同时进行的作业。

【来源：DL/T 5373—2017《水电水利工程施工作业人员安全操作规程》2.0.9】

解析：抽水蓄能电站建设过程中施工作业人员数量较多，有时可能由几支施工队伍同时进行，施工高峰期间，各专业队伍集中在一个作业现场交叉作业，大型施工机械，施工用电、焊接作业多，极易发生高处坠落、物体打击、起重伤害、触电等事故。因此交叉作业应制定专项安全技术措施，并对施工作业人员加强安全教育培训和安全技术交底，施工过程中还应设专人进行安全监护。

交叉作业中如涉及两个及以上施工单位的，各施工单位交叉作业可能危及对方生产安全的，应签订安全生产管理协议明确各自的安全生产管理职责和应采取的安全措施。

1.18 行 为 违 章

施工现场作业人员在工程建设过程中违反保证安全的规程、

规定、制度、反事故措施等的不安全行为。

【来源：《国家电网有限公司安全生产反违章工作管理办法》（国家电网企管〔2014〕70 号）】

1.19 管 理 违 章

各级领导、管理人员不履行岗位安全职责，不落实安全管理要求，不健全安全规章制度，不执行安全规章制度等的各种不安全作为。

【来源：《国家电网有限公司安全生产反违章工作管理办法》（国家电网企管〔2014〕70 号）】

1.20 装 置 违 章

施工设备或设施、施工环境、作业使用的工器具及安全防护用品不满足规程、规定、标准、反事故措施等的要求，不能可靠保证人身、设备安全的不安全状态和环境的不安全因素。

【来源：《国家电网有限公司安全生产反违章工作管理办法》（国家电网企管〔2014〕70 号）】

1.21 习 惯 性 违 章

施工作业中固守旧有的不良作业传统和工作习惯，它实质上是一种长期反复发生，违反安全工作规程的行为。

1.22 有 限 空 间

封闭或部分封闭，与外界相对隔离，出入口较为狭窄，自然通风不良，易造成有毒有害、易燃易爆物质积聚或氧含量不足的设备、设施及场所。

【来源：NB/T 10096—2018《电力建设工程施工安全管理导则》3.8】

解析：近年来，全国有限空间作业事故频发，事故起数和死亡人数呈逐年上升趋势且涉及建筑施工、电力、工贸等多个行业，抽水蓄能电站工程建设过程中有关要求是：

（1）施工单位应完善有限空间作业的规章制度和操作规程，对相关作业人员进行专项培训，做好有限空间作业台账和档案管理。

（2）有限空间作业必须编制作业方案并进行审批，严禁未经审批擅自作业或超范围作业，对有限空间设备或场所设置安全警示或告知牌，对存在的危险因素进行风险公示告知（见图1-2）。

（3）有限空间作业前要做好施工作业风险辨识及预控，针对作业存在的窒息、中毒、火灾、触电、坍塌等危险因素制定针对性预控措施，重点加强潮湿环境内用电、有限空间内焊接及使用燃油机械设备等作业现场安全管控，防止各类事故发生。

（4）有限空间作业要有专人监护，进入有限空间危险场所作业前要先测定氧气、有害气体、可燃性气体、粉尘等气体浓度，符合安全要求方可进入。在有限空间内作业时应进行通风换气，并保证气体浓度测定次数或连续检测，严禁向内部输送氧气。

（5）在金属容器内工作应使用符合安全电压要求的照明及电气工具，装设符合要求的剩余电流动体保护器，电源联接器和控制箱等应放在容器外面。进行焊接工作应设有防止金属熔渣飞溅、掉落引起火灾的措施以及防止烫伤、触电、爆炸等措施。

图 1-2　有限空间告知牌

1.23 安全性评价

根据抽水蓄能电站工程建设不同阶段及特点，合理安排专家进驻现场，对工程项目的安全管理和现场施工作业进行全面检查和评估，形成查评报告的活动。

【来源：《国网新源控股有限公司安全性评价管理办法》（新源安监〔2021〕55号）】

解析：抽水蓄能电站工程安全性评价是针对工程建设期间的安全管理、安全技术措施、现场作业行为等进行阶段性评价。通过对参建单位安全管理体系建设、安全风险管理、应急管理、现场作业安全管理等工作内容、指标进行量化评价，获得被评价项目安全管理工作状态是否满足有关要求的结果，促进工程建设各参建单位不断提高安全管理水平。

根据抽水蓄能电站工程建设特点，安全性评价可在施工准备期、土建施工期、机电安装期等阶段进行。施工准备期为主体工程开工前，土建施工期为地下主厂房顶拱开挖至机电安装交面施工期间，机电安装期为第一台机组试运行结束、第二台机组试运行开始前。

1.24 本 质 安 全

通过设计等手段使设备或生产系统本身具有安全性，即使在误操作或发生故障的情况下也不会造成事故。

【来源：GB/T 15236—2008《职业安全卫生术语》2.5】

解析：本质安全具体包括两方面的内容：

（1）失误—安全功能，指操作者即使操作失误，也不会发生事故或伤害，或者说设备设施和技术工艺本身具有自动防止人的不安全行为的功能。

（2）故障—安全功能，指施工机械、设备设施发生故障或损坏时，还能暂时维持正常工作或自动转变为安全状态。

上述两种安全功能应该是设备、设施和技术工艺本身固有的，即在其设计阶段就被纳入其中，而不是事后补偿的。本质安全是生产中"预防为主"的根本体现，实际上由于技术、资金和人们对事故的认识等原因，目前还较难做到全面本质安全，但应作为追求的目标。

1.25 企 业 安 全 文 化

被企业组织的员工群体所共享的安全价值观、态度、道德和行为规范组成的统一体。

【来源：AQ/T 9004—2008《企业安全文化建设导则》3.1】

解析：安全文化是企业在长期安全生产和经营活动中逐步形成的、为全体员工认可遵循的观念、行为、环境的总和。安全文化建设通过创造一种良好的安全文化氛围和协调的环境，对施工作业人员的观念、意识、态度、行为等形成从无形到有形的影响，从而对施工作业人员的不安全行为产生控制作用，以达到减少人为事故的效果。在抽水蓄能电站工程建设过程中各参建单位应积极开展安全文化建设活动，积极营造浓厚安全氛围，促使施工作业人员由"要我安全"向"我要安全"意识转变。

2 专业术语

2.1 安全风险管控及隐患排查治理

2.1.1 危险源

可能导致人员伤害、健康损害、财产损失、环境破坏等损失的根源或状态。

【来源：GB/T 45001—2020《职业健康安全管理体系要求及使用指南》3.19】

解析： 抽水蓄能电站工程基建期涉及危险源一般分五个类别，分别为施工作业类、机械设备类、设施场所类、作业环境类和其他类，各类的辨识与评价对象主要有：

（1）施工作业类：明挖施工，洞挖施工，石方爆破，填筑工程，灌浆工程，斜井竖井开挖，地质缺陷处理，砂石料生产，混凝土生产，混凝土浇筑，脚手架工程，模板工程及支撑体系，钢筋制安，金属结构制作、安装及机电设备安装，建筑物拆除，配套电网工程，降排水，水上（下）作业，有限空间作业，高空作业，管道安装，其他单项工程等。

（2）施工机械设备类：交通、运输车辆，特种设备，起重吊装及安装拆卸等。

（3）设施场所类：弃渣场，基坑，爆破器材库，油库油罐区，材料设备仓库，供水系统，通风系统，供电系统，修理厂、钢筋加工厂、钢管加工厂等金属结构制作加工厂场所，预制构件场所，施工道路、桥梁，隧洞，围堰等。

（4）作业环境类：不良地质地段，潜在滑坡区，超标准洪水，粉尘，有毒有害气体及有毒化学品泄漏环境等。

（5）其他类：野外施工，消防安全，营地选址等。

2.1.2　危险源辨识

识别危险源的存在并确定其特性的过程。

【来源：DL/T 5370—2017《水电水利工程施工通用安全技术规程》2.0.2】

解析：危险源辨识是抽水蓄能电站工程基建安全管理工作当中的一个重要环节，施工单位在编制专项施工方案时应结合施工作业特点对施工作业过程中存在的危险因素进行分析和识别，并制定相应预控措施，施工过程中，建设单位、监理单位应对各预控措施的落实情况进行监督和检查，以确保危险源始终处于动态受控的状态。

2.1.3　重大危险源

是指长期地或者临时地生产、搬运、使用或者储存危险物品，且危险物品的数量等于或者超过临界量的单元（包括场所和设施）。

【来源：《中华人民共和国安全生产法》（中华人民共和国主席令第 13 号）第一百一十七条】

解析：重大危险源广义上说就是可能导致重大事故发生的危险源。本定义来源于《安全生产法》，从该定义来看，重大危险源主要指的是与危险物品生产、使用、存储过程中所涉及的重大危险源。该类型的重大危险源判别标准是单元内存在危险物品的数量是否等于或超过规定的临界量。对于抽水蓄能电站建设工程，施工过程中存在的重大危险源并不完全限于本定义，例如《危险性较大的分部分项工程安全管理规定》（住房城乡建设部令第 37 号）中规定的超过一定规模危险性较大的分部分项工程是指在施工过程中容易导致人员群死群伤或者造成重大经济损失的分部分项工程，相应施工作业应纳入重大危险源进行管控。《安全生产法》第一百一十八条规定："应急管理部门和其他负有安全生产监督管理职责的部门应当根据各自的职责分工，制定相关行业、领域重大危险源的辨识标准和重大事故隐患的判定标准。"因此在抽水蓄能电站建设过程中除了对标准定义的重大危险源进行管控外，更应关注施工过程中相关作业风险评价的结果，重点对施工过程中存在的三级及以上风险作业进行有效控制。

2.1.4 风险

生产安全事故或健康损害事件发生的可能性和严重性的组合。

同义词：安全生产风险、安全风险。

【来源：GB/T 23694—2013《风险管理术语》2.1】

解析：风险＝可能性×严重性。可能性，是指事故（事件）发生的概率。严重性，是指事故（事件）一旦发生后，将造成的人员伤害和经济损失的严重程度。

2.1.5 固有风险

熟练施工的作业人员使用合格的施工机具，在采取常规施工方法情况下，施工作业过程中存在的安全风险。

【来源：国网（基建/3）794—2019《国家电网公司水电工程施工安全风险识别、评估及预控措施管理办法》（有修改）】

2.1.6 动态风险

在固有风险的基础上，对施工现场实际风险因素，进行识别、评估而得出的安全风险。

【来源：国网（基建/3）794—2019《国家电网公司水电工程施工安全风险识别、评估及预控措施管理办法》】

2.1.7 风险评价

对危险源导致的安全生产风险进行评价并确定其是否可接受的过程。

【来源：GB/T 23694—2013《风险管理术语》4.7.1】

同义词：风险等级评价。

解析：风险评价的方法有直接评定法、安全检查表法、作业条件危险性评价法（LEC）等方法，抽水蓄能电站工程建设中一般采用的是作业条件危险性评价法（LEC）。

作业条件危险性评价法（LEC）：

LEC法是对施工作业中的危险源进行评价的方法。风险值 $D=L\times E\times C$。L 为发生事故的可能性大小；E 为人体暴露在危险环境中的频繁程度；C 为发生事故可能造成的后果。

D 值越大，说明危险性大，需要增加安全措施，或改变发生事故的可能性，或减少人体暴露于危险环境中的频繁程度，或减轻事故损失，直至调整到允许范围内。

LEC 风险评价法对危险等级的划分，一定程度上凭经验判断，应用时需要考虑其局限性，根据实际情况予以修正。

固有风险值计算：

（1）事故或危险性事件发生的可能性 L 值与施工作业类型有关。

（2）人体暴露于危险环境的频率 E 值与工程类型无关，仅与施工作业时间长短有关，可从人体暴露于危险环境的频率，或危险环境人员的分布及人员出入的多少，或设备及装置的影响因素，分析确定 E 值。

（3）发生事故可能造成的后果，即危险严重度因素 C 值与危险源在触发因素作用下发生事故时产生后果的严重程度有关，可从人身安全、经济损失、社会影响等因素，分析危险源发生事故可能产生的后果，确定 C 值（见表 2-1）。

表 2-1　　　　固有风险因素 L、E、C 取值关系表

L 值	发生的可能性	E 值	暴露频繁程度	C 值	后果
10	可能性很大	10	连续	100	大灾难，无法承受损失

L 值	发生的可能性	E 值	暴露频繁程度	C 值	后果
6	可能性比较大	6	每天工作时间	40	灾难，几乎无法承受损失
3	可能但不经常	3	每周一次	15	非常严重，非常重大损失
1	可能性小，完全意外	2	每月一次	7	重大损失
0.5	基本不可能，但可以设想	1	每年几次	3	较大损失
0.2	极不可能	0.5	非常罕见	1	一般损失
0.1	实际不可能			0.5	轻微损失

安全风险等级划分 $D=L \times E \times C$（见表 2-2）。

表 2-2　　　　　　　　风险值与风险程度对照表

风险值 D	风险程度
$D \geqslant 320$	风险极大，应采取措施降低风险等级，否则不能继续作业
$160 \leqslant D < 320$	高度风险，要制定专项施工安全方案和控制措施作业前要严格检查，作业过程中要严格监护
$70 \leqslant D < 160$	显著风险，制定专项控制措施，作业前要严格检查，作业过程中要有专人监护
$20 \leqslant D < 70$	一般风险，需要注意
$D < 20$	稍有风险，但可能接受

2.1.8　风险分级

对危险源所伴随的风险进行定性或定量评价，并根据评价结果将风险划分为若干个级别。

【来源：COSHA 004—2020《危险源辨识、风险评价和控制措施策划指南》5.2（有修改）】

2.1.9 风险分级管控

按照风险不同等级、所需管控资源、管控能力、管控措施复杂及难易程度等因素而确定不同管控层级的风险管控方式。

【来源：DBT/37 2882—2016《安全生产风险分级管控体系通则》3.9】

解析： 风险分级管控应遵循风险越高管控层级越高的原则，对于施工作业流程复杂、施工作业环境差、施工技术含量高、风险等级高、可能导致严重后果的作业活动，重点进行管控。上一级负责管控的风险，下一级必须同时负责管控，并逐级落实具体措施。

抽水蓄能电站各参建单位要建立安全风险公告制度，对存在重大安全风险的工作场所和岗位，在醒目位置和重点区域分别设置安全风险公告栏，制作岗位安全风险告知卡，标明工程涉及的主要安全风险名称、等级、所在工程部位、可能引发的事故隐患类别、事故后果、管控措施、应急措施及报告方式等内容。

对于三级及以上施工安全风险等级作业监理和施工单位还应在各自的项目部应张挂"施工现场风险管控公示牌"，将三级及以上风险作业地点、作业内容、风险等级、工作负责人、现场监理人员、计划作业时间进行公示，并根据实际情况及时更新，确保各级人员对作业风险心中有数。

2.1.10 事故隐患

企业违反安全生产法律法规、规章标准和安全生产管理制度的规定或因其他因素，在生产经营活动中存在的可能导致事故发生的物的不安全状态、人的不安全行为、环境的不良影响和管理缺陷。

同义词：隐患、安全隐患、安全事故隐患、生产安全事故隐患。

【来源：《安全生产事故隐患排查治理暂行规定》（国家安监总局令 第 16 号）第三条（有修改）】

2.1.11 一般事故隐患

危害或整改难度较小，发现后能够立即整改排除的隐患。

【来源：《安全生产事故隐患排查治理暂行规定》（国家安监总局令 第 16 号）第三条】

2.1.12 重大事故隐患

危害或整改难度较大，需要全部或局部暂停施工，并经过一定时间整改治理方能排除的隐患，或者因外部因素影响致使参建单位自身难以排除的隐患。

【来源：《安全生产事故隐患排查治理暂行规定》（国家安监总局令 第 16 号）第三条】

2.1.13 隐患排查治理

企业组织安全生产管理人员、技术和其他相关人员对生产经营活动中的事故隐患进行排查，并对排查出的事故隐患，按照职责分工明确整改责任人员，制定整改计划、落实整改资金、实施监控治理和复查验收的全过程。

【来源:《安全生产事故隐患排查治理暂行规定》(国家安监总局令 第 16 号)第十条(有修改)】

解析:隐患排查一般包括综合检查、专业检查、季节性检查、节假日检查、日常检查等。对排查出的隐患,按照隐患的等级进行记录,建立隐患信息档案,制定隐患治理方案,对隐患及时进行治理。隐患排查治理应纳入日常工作中,按照"排查(发现)—评估报告—治理(控制)—验收销号"的流程形成闭环管理。

2.2 消 防 安 全

2.2.1 火灾

在时间和空间上失去控制的燃烧。

【来源:GB/T 5907.1—2014《消防词汇》 第 1 部分:通用术语 2.3】

解析:助燃物、可燃物、点火源是燃烧发生的三个要素,这三个要素中缺少任何一个,燃烧都不能发生,因此在火灾防治中,阻断三要素中的任何一个就可以防止火灾发生。

2.2.2 燃烧

可燃物与氧化剂作用发生的放热反应,通常伴有火焰、烟气的现象。

【来源：GB/T 5907.1—2014《消防词汇》 第1部分：通用术语2.21】

2.2.3 燃点

可燃物质发生着火的最低温度。

【来源：GB/T 5907.1—2014《消防词汇》 第1部分：通用术语2.33】

2.2.4 闪燃

在一定温度下，可燃性液体表面产生可燃蒸气，遇火产生一闪即灭的燃烧现象。

【来源：GB/T 5907.1—2014《消防词汇》 第1部分：通用术语2.29】

2.2.5 闪点

可燃性液体表面产生的蒸气发生闪燃的最低温度。

【来源：GB/T 5907.1—2014《消防词汇》 第1部分：通用术语2.32】

2.2.6 A类火灾

固体物质火灾。这种物质通常具有有机物性质，一般在燃烧时能产生灼热的余烬。

【来源：GB/T 4968—2008《火灾分类》2】

解析：如木材、棉燃烧产生的火灾等。

2.2.7 B类火灾

液体或可熔化的固体物质火灾。

【来源：GB/T 4968—2008《火灾分类》2】

解析： 如汽油、柴油、沥青、油漆燃烧产生的火灾等。

2.2.8 C 类火灾

气体火灾。

【来源：GB/T 4968—2008《火灾分类》2】

解析： 如乙炔、天然气、甲烷燃烧产生的火灾等。

2.2.9 D 类火灾

金属火灾。

【来源：GB/T 4968—2008《火灾分类》2】

解析： 如钾、钠、镁燃烧产生的火灾等。

2.2.10 E 类火灾

带电火灾。物体带电燃烧产生的火灾。

【来源：GB/T 4968—2008《火灾分类》2】

解析： 如柴油发电机、电缆燃烧产生的火灾等。

2.2.11 F 类火灾

烹饪器具内的烹饪物火灾。

【来源：GB/T 4968—2008《火灾分类》2】

解析： 如动植物油脂燃烧产生的火灾等。

2.2.12 建设工程消防设计审核

依据消防法律法规和国家工程建设消防技术标准，对依法申请消防行政许可的建设工程的相关资料和消防设计文件，进行审查、评定并作出行政许可决定的过程。

【来源：XF 1290—2016《建设工程消防设计审查规则》3.1.1】

解析：抽水蓄能电站工程属于国务院住房和城乡建设主管部门规定的"特殊建设工程"，建设单位应当将消防设计文件报送地方住房和城乡建设主管部门审查，未经消防设计审查或者审查不合格的，不得施工。建设单位未提供满足施工需要的消防设计图纸及技术资料的，有关部门不得发放施工许可证或者批准开工报告。

（1）房建工程开工前的消防管理。

建设单位应当在房建项目开工前，将消防设计文件，报送地方住房和城乡建设主管部门审查，办理建筑设计施工图纸消防审核手续。

（2）电站主体工程开工前的消防管理。

建设单位应在电站主体工程开工前，向当地的住房和城乡建设主管部门办理电站主体工程的消防设计审核手续。

设计单位应按"特殊建设工程"消防管理要求，在办理消防审核前向建设单位提交符合消防规定的消防设计图纸及其相关资料。由建设单位负责将消防设计文件资料报送至当地的住房和城乡建设主管部门审核。在主体工程开工前，建设单位应取得由当地的住房和城乡建设主管部门出具的消防设计审核合格意见书。

2.2.13 建设工程消防验收

依据消防法律法规和国家工程建设消防技术标准，对纳入消防行政许可范围的建设工程在建设单位组织竣工验收合格的基础上，通过抽查、评定，作出是否合格的行政许可决定。

【来源：XF 836—2016《建设工程消防验收评定规则》3.1】

2.2.14 临时消防设施

设置在工程施工现场，用于扑救施工现场火灾、引导施工人员安全疏散等的各类消防设施，包括灭火器、临时消防给水系统、消防应急照明、疏散指示标识、临时疏散通道等。

【来源：GB 50720—2011《建设工程施工现场消防安全技术规范》2.0.3】

2.2.15 动火作业

能直接或间接产生明火的作业，如使用电焊、气焊（割）、喷灯、电钻、砂轮等进行可能产生火焰、火花的作业。

【来源：DL/T 5373—2017《水电水利工程施工作业人员安全操作规程》2.0.7】

解析：动火作业前，应对现场的可燃物进行清理或采取有效的防火措施，配备消防器材，并办理动火审批手续。特殊动火作业应设动火监护人。

2.3 施工现场临时用电安全

2.3.1 低压

交流额定电压在 1kV 及以下的电压。

【来源：JGJ 46—2005《施工现场临时用电安全技术规范》2.1.1】

2.3.2 高压

交流额定电压在 1kV 以上的电压。

【来源：JGJ 46—2005《施工现场临时用电安全技术规范》2.1.2】

2.3.3 接地

设备的一部分为形成导电通路与大地的连接。

【来源：JGJ 46—2005《施工现场临时用电安全技术规范》2.1.6】

2.3.4 工作接地

为了电路或设备达到运行要求的接地，如变压器低压中性点和发电机中性点的接地。

【来源：JGJ 46—2005《施工现场临时用电安全技术规范》2.1.7】

解析：高压系统采取中性点接地可使接地继电保护装置准确动作并消除单相电弧接地过电压。中性点接地可防止零序电压偏移，保持三相电压基本平衡，对低压系统可方便地使用单相电源。

2.3.5 重复接地

设备接地线上一处或多处通过接地装置与大地再次连接的接地。

【来源：JGJ 46—2005《施工现场临时用电安全技术规范》2.1.8】

解析：当系统中发生碰壳或接地短路时，重复接地可以降低中性线的对地电压。当中性线发生断裂时，重复接地可以使故障程度减轻。

TN 系统中的保护中性线除必须在配电室或总配电箱处做重复接地外，还必须在配电系统的中间处和末端处做重复接地。

在 TN 系统中，保护中性线每一处重复接地装置的接地电阻值不应大于 10Ω。在工作接地电阻值允许达到 10Ω 的电力系统中，所有重复接地的等效电阻值不应大于 10Ω。

2.3.6 接地体

埋入地中并直接与大地接触的金属导体。

【来源：JGJ 46—2005《施工现场临时用电安全技术规范》2.1.9】

2.3.7 接地电阻

接地装置的对地电阻。它是接地线电阻、接地体电阻、接地体与土壤之间的接触电阻和土壤中的散流电阻之和。

【来源：JGJ 46—2005《施工现场临时用电安全技术规范》2.1.14】

2.3.8 配电箱

一种专门用作分配电力的配电装置，包括总配电箱和分配电箱，如无特指总配电箱、分配电箱合称配电箱。

【来源：JGJ 46—2005《施工现场临时用电安全技术规范》2.1.23】

2.3.9 开关箱

末级配电装置的通称，可兼作用电设备的控制装置。

【来源：JGJ 46—2005《施工现场临时用电安全技术规范》

2.1.24】

解析： 施工现场临时用电开关箱箱门应有名称、用途、分路标记及系统接线图，开关箱用定期检查、维修。检查、维修人员必须是专业电工，检查、维修时必须按规定穿、戴绝缘鞋、手套，必须使用电工绝缘工具，并应做检查、维修工作记录。

对开关箱进行定期维修、检查时，必须将其前一级相应的电源隔离开关分闸断电，并悬挂"禁止合闸、有人工作"停电标识牌，严禁带电作业。

2.3.10　安全距离

人与带电体、带电体与带电体、带电体与地面、带电体与其他设施之间需保持的最小距离。

2.3.11　三级配电

施工现场从电源进线开始到用电设备之间，经过三级配电装置配送电力。由总配电箱（一级箱）或配电室的配电柜开始，依次经由分配电箱（二级箱）、开关箱（三级箱）到用电设备，这种三个层次逐级配送电力的系统就是三级配电。

【来源：《全国中级注册安全工程师职业资格教材·建筑施工安全》第三章第二节（有修改）】

解析： 总配电箱以下可设若干分配电箱，分配电箱以下可设若干开关箱。总配电箱应设在靠近电源的区域，分配电箱应设在用电设备或负荷相对集中的区域，分配电箱与开关箱的距离不得超过 30m，开关箱与其控制的固定式用电设备的水平距离不宜超过 3m，距离的限定主要是为了便于操作和控制。

配电箱、开关箱必须按照下列顺序操作：

（1）送电操作顺序为：总配电箱→分配电箱→开关箱。

（2）停电操作顺序为：开关箱→分配电箱→总配电箱。

但出现电气故障的紧急情况可除外。

2.3.12 二级剩余电流动作保护系统

二级剩余电流动作保护系统是指在施工现场基本供配电系统的总配电箱和开关箱首、末二级配电装置中，设置剩余电流动作保护器，其中总配电箱中的剩余电流动作保护器可以设置在总路，也可以设置在支路。施工现场供配电实行分级分段剩余电流动作保护，总配电箱（配电柜）和开关箱配电必须设置剩余电流动作保护器（见图 2-1）。

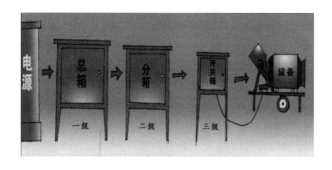

图 2-1 施工现场临时用电三级配电系统示意图

【来源：《全国中级注册安全工程师职业资格教材·建筑施工

安全》第三章第二节（有修改）】

解析： 剩余电流动作保护器，又叫剩余电流动作保护开关，主要是用来设备发生漏电故障时以及对有致命危险的人身触电进行保护。

剩余电流动作保护器的安装除应遵守常规的电气设备安装规程外，还应注意以下几点：

（1）剩余电流动作保护器应装设在总配电箱、开关箱靠近负荷的一侧（见图 2-2）。

(a) 剩余电流动作断路器　　　(b) 剩余电流动作保护器

图 2-2　剩余电流动作保护装置示意

（2）剩余电流动作保护器的选择应符合 GB 6829《剩余电流动作保护器的一般要求》和 GB 13955《剩余电流动作保护装置安装和运行》。

（3）开关箱中剩余电流动作保护器的额定剩余动作电流不应大于 30mA，额定剩余电流动作时间不应大于 0.1s。使用于潮湿或有腐蚀介质场所的剩余电流动作保护器应采用防溅型产品，其额定剩余电流动作不应大于 15mA，额定剩余电流动作时间不应大于 0.1s。

（4）总配电箱内剩余电流动作保护器的额定剩余动作电流应大于 30mA，额定剩余电流动作时间应大于 0.1s，但其额定剩余动作电流与额定剩余电流动作时间的乘积不大于 30mA·s。

2.3.13　手持式电动工具

手持式电动工具是指用手握持或悬挂进行操作的电动工具，一般分为Ⅰ类工具、Ⅱ类工具、Ⅲ类工具。

Ⅰ类工具防电击保护不仅依靠基本绝缘、双重绝缘或加强绝缘，而且还包含一个附加安全措施，即把易触及的导电零件与设施中固定布线的保护接地导线连接起来，使易触及的导电零件在基本绝缘损坏时不能变成带电体。具有接地端子或接地触头的双重绝缘工具也认为是Ⅰ类工具。

Ⅱ类工具防电击保护不仅依靠基本绝缘，而且依靠提供的附加的安全措施，例如双重绝缘或加强绝缘没有保护接地措施也不依赖安装条件。

Ⅲ类工具防电击保护依靠安全特低电压供电，工具内不产生高于安全特低电压的电压。

【来源：GB/T 3883.1—2014《手持式、可移式电动工具和园林工具的安全》（有修改）】

解析：

（1）手持式电动工具是施工过程中使用较多的电动工具，其触电事故发生率较高。使用Ⅰ类工具必须按规定穿戴绝缘用品或站在绝缘垫上，并确保有良好的接零或接地措施，保护中性线与工作中性线分开，保护中性线采用 1.5mm 以上多股软铜线。安装剩余电流动作保护器剩余电流不大于 15mA，动作时间不大于 0.1s。

（2）在露天、潮湿场所或在金属构架上进行施工作业时必须使用Ⅱ类或Ⅲ类工具，并装设防溅的剩余电流动作保护器，严禁使用Ⅰ类工具。

（3）在金属容器、地沟、管道、锅炉等狭窄场所施工作业时，应选用带隔离变压器的Ⅲ类手持式电动工具。隔离变压器、剩余电流动作保护器装设在狭窄场所外面，工作时应有人监护。

（4）区分各类电动工具简便的方法为：Ⅰ类工具的电源插头三插，Ⅱ类工具的电源插头一般为两插，外壳具有"回"标识（见图 2-3），Ⅲ类工具一般带有电池。

图 2-3　Ⅱ类工具

2.4　爆　破　作　业

2.4.1　民用爆炸物品

用于非军事目的和列入民用爆炸物品品名表的各类火药、炸药及其制品、雷管、导火索等点火和起爆器材。

【来源：GB/T 14659—2015《民用爆破器材术语》2.1.3】

解析：民用爆炸物品是广泛用于公路工程、水利工程、地质探矿等领域的重要消耗材料。但是由于其本身存在着燃烧爆炸特性，在生产、储运、经营、使用过程中具有火灾爆炸危险性，因而以防火防爆为主要内容的安全生产工作具有特殊的重要性，民用爆炸物品包括工业炸药、起爆器材、专用民爆物品等。抽水蓄能电站工程常用的爆炸物品为乳化炸药。

2.4.2　导爆管

内壁涂有混合炸药粉末的塑料软管，起传爆作用的一种非电起爆器材。

【来源：T/CSEB 0007—2019《爆破术语》5.1.18（有修改）】

解析：导爆管示例（见图 2-4）。

2.4.3　电子雷管

应用微电子技术、数码技术、加密技术，实现延时、通信、加密、控制等功能的雷管。

同义词：工业电子雷管。

图 2-4 导爆管

【来源：GA 1531—2018《工业电子雷管信息管理通则》3.1】

2.4.4 爆破有害效应

爆破时对爆区附近保护对象可能产生的有害影响。如爆破引起的振动、个别飞散物、空气冲击波、噪声、水中冲击波、动水压力、涌浪、粉尘、有害气体等。

【来源：GB 6722—2014《爆破安全规程》3.5】

2.4.5 浅孔爆破

炮孔直径小于或等于 50mm，深度小于或等于 5m 的爆破作业。

【来源：GB 6722—2014《爆破安全规程》3.10】

2.4.6 深孔爆破

炮孔直径大于 50mm，并且深度大于 5m 的爆破作业。

【来源：GB 6722—2014《爆破安全规程》3.11】

2.4.7 预裂爆破

沿开挖边界布置密集炮孔，采取不耦合装药或装填低威力炸药，在主爆区之前起爆，从而在爆区与保留区之间形成预裂缝，以减弱主爆孔爆破对保留岩体的破坏并形成平整轮廓面的爆破作业。

【来源：GB 6722—2014《爆破安全规程》3.16】

2.4.8 光面爆破

沿开挖边界布置密集炮孔，采取不耦合装药或装填低威力炸药，在主爆区之后起爆，以形成平整的轮廓面的爆破作业（见图2-5）。

【来源：GB 6722—2014《爆破安全规程》3.17】

解析：

图 2-5　某抽水蓄能电站地下厂房中导洞顶拱光面爆破效果

2.4.9 延时爆破

将各个药包按不同时间顺序起爆的爆破技术，分为毫秒延时爆破、秒延时爆破等。

【来源：GB 6722—2014《爆破安全规程》3.18（有修改）】

2.4.10 盲炮

因各种原因未能按设计起爆，造成药包拒爆的全部或部分装药。

【来源：GB 6722—2014《爆破安全规程》3.29】

解析：盲炮处理一般规定：

（1）处理盲炮前应由爆破技术负责人定出警戒范围，并在该区域边界设置警戒，处理盲炮时无关人员不许进入警戒区。

（2）应派有经验的爆破员处理盲炮，硐室爆破的盲炮处理应由爆破工程技术人员提出方案并经单位技术负责人批准。

（3）电力起爆网路发生盲炮时，应立即切断电源，及时将盲炮电路短路。

（4）导爆索和导爆管起爆网路发生盲炮时，应首先检查导爆索和导爆管是否有破损或断裂，发现有破损或断裂的可修复后重新起爆。

（5）严禁强行拉出炮孔中的起爆药包和雷管。

（6）盲炮处理后，应再次仔细检查爆堆，将残余的爆破器材收集起来统一销毁；在不能确认爆堆无残留的爆破器材之前，应采取预防措施并派专人监督爆堆挖运作业。

（7）盲炮处理后应由处理者填写登记卡片或提交报告，说明产生盲炮的原因、处理的方法、效果和预防措施。

2.4.11 爆破振动

爆破引起传播介质沿其平衡位置作直线或曲线往复运动的过程。

【来源：GB 6722—2014《爆破安全规程》3.30】

2.4.12 爆破参数

爆破施工中炮孔规格、布置、炸药数量和填装方式的参数，包括：孔径、孔距、排距、孔数、装药长度、填塞长度、单孔药量、炸药单耗等相关参数。

【来源：T/CSEB 0007—2019《爆破术语》7.1.12】

2.4.13 半孔率

开挖壁面上的炮孔痕迹与炮孔总长的百分率。

【来源：T/CSEB 0007—2019《爆破术语》7.3.13】

2.4.14 平整度

爆破后围岩壁面或边坡表面超欠挖量的偏差值。

【来源：T/CSEB 0007—2019《爆破术语》7.3.14】

2.4.15 循环进尺

隧洞每完成一个掘进循环，工作面向前推进的距离。

【来源：T/CSEB 0007—2019《爆破术语》7.2.14】

2.4.16　爆破安全监理

受建设单位委托，依据国家有关法律法规和强制性标准，对爆破作业项目实施的专业化安全监督管理。

【来源：T/CSEB 0010—2019《爆破安全监理规范》3.1】

2.4.17　爆破安全评估

依据国家有关法律法规和强制性标准，对爆破作业单位及涉爆人员资质、爆破设计方案等进行的综合安全评定。

【来源：T/CSEB 0009—2019《爆破安全评估规范》3.1】

解析：爆破安全评估是对爆破作业单位资质条件、爆破作业人员资格条件和爆破设计方案的安全可行性进行评估，以预判爆破安全隐患、控制爆破作业风险、避免爆破安全事故、确保爆破作业本质安全。根据《民用爆炸物品安全管理条例》（国务院令第466号）第三十五条，在城市、风景名胜区和重要工程设施附近实施爆破作业的，应当向爆破作业所在地设区的市级人民政府公安机关提出申请，提交《爆破作业单位许可证》和具有相应资质的安全评估企业出具的爆破设计、施工方案评估报告。在城市、风景名胜区和重要工程设施附近实施爆破作业的工程项目在爆破作业前必须开展爆破安全评估工作。在城市、风景名胜区和重要工程设施附近以外的项目，在法规上没有要求必须进行的爆破安全评估，但公安机关认为有必要或建设单位要求需要进行安全评估的项目也可开展爆破安全评估工作。

同爆破安全评估管理要求相同，在城市、风景名胜区、重要设施附近的爆破作业项目必须由具有相应资质的安全监理企业进行监理，此范围之外的其他项目是否需要监理，可由建设单位确定。

2.5 特 种 设 备

2.5.1 特种设备

特种设备是指对人身和财产安全有较大危险性的锅炉、压力容器（含气瓶）、压力管道、电梯、起重机械、客运索道和场（厂）内专用机动车辆等设备。

【《特种设备安全监察条例》（国务院令第549号）第二条】

2.5.2 特种设备作业人员

从事特种设备作业和管理的相关人员统称特种设备作业人员。

【来源：《特种设备安全监察条例》（国务院令第549号）第三十八条】

2.5.3 锅炉

利用各种燃料、电或者其他能源，将所盛装的液体加热到一定的参数，并通过对外输出介质的形式提供热能的设备，其范围规定为设计正常水位容积大于或者等于30L，且额定蒸汽压力大于或者等于0.1MPa（表压）的承压蒸汽锅炉；出口水压大于或者等于0.1MPa（表压），且额定功率大于或者等于0.1MW的承压热水锅炉；额定功率大于或者等于0.1MW的有机热载体锅炉。

【来源：国家质检总局关于修订《特种设备目录》的公告（2014 年第 114 号）】

2.5.4　压力容器

盛装气体或者液体，承载一定压力的密闭设备，其范围规定为最高工作压力大于或者等于 0.1MPa（表压）的气体、液化气体和最高工作温度高于或者等于标准沸点的液体、容积大于或者等于 30L 且内直径（非圆形截面指截面内边界最大几何尺寸）大于或者等于 150mm 的固定式容器和移动式容器；盛装公称工作压力大于或者等于 0.2MPa（表压），且压力与容积的乘积大于或者等于 1.0MPa·L 的气体、液化气体和标准沸点等于或者低于 60℃液体的气瓶、氧舱。

【来源：国家质检总局关于修订《特种设备目录》的公告（2014 年第 114 号）】

2.5.5　压力管道

利用一定的压力，用于输送气体或者液体的管状设备，其范围规定为最高工作压力大于或者等于 0.1MPa（表压），介质为气体、液化气体、蒸汽或者可燃、易爆、有毒、有腐蚀性、最高工作温度高于或者等于标准沸点的液体，且公称直径大于或者等于 50mm 的管道。公称直径小于 150mm，且其最高工作压力小于 1.6MPa（表压）的输送无毒、不可燃、无腐蚀性气体的管道和设备本体所属管道除外。其中，石油天然气管道的安全监督管理还应按照《安全生产法》《石油天然气管道保护法》等法律法规实施。

【来源：国家质检总局关于修订《特种设备目录》的公告（2014 年第 114 号）】

2.5.6 起重机械

用于垂直升降或者垂直升降并水平移动重物的机电设备，其范围规定为额定起重量大于或者等于 0.5t 的升降机；额定起重量大于或者等于 3t（或额定起重力矩大于或者等于 40t·m 的塔式起重机，或生产率大于或者等于 300t/h 的装卸桥），且提升高度大于或者等于 2m 的起重机；层数大于或者等于 2 层的机械式停车设备。

【来源：国家质检总局关于修订《特种设备目录》的公告（2014 年第 114 号）】

2.5.7 电梯

动力驱动，利用沿刚性导轨运行的箱体或者沿固定线路运行的梯级（踏步），进行升降或者平行运送人、货物的机电设备，包括载人（货）电梯、自动扶梯、自动人行道等。非公共场所安装且仅供单一家庭使用的电梯除外。

【来源：质检总局关于修订《特种设备目录》的公告（2014 年第 114 号）】

2.5.8 场（厂）内专用机动车辆

除道路交通、农用车辆以外仅在工厂厂区、旅游景区、游乐场所等特定区域使用的专用机动车辆。

【来源：国家质检总局关于修订《特种设备目录》的公告
（2014 年第 114 号）】

2.6 特 种 作 业

2.6.1 特种作业

是指容易发生事故，对操作者本人和他人的安全健康及设备、设施的安全可能造成重大危害的作业。特种作业的范围由特种作业目录规定。

【来源：《特种作业人员安全技术培训考核管理规定》（国家安监总局令第 80 号）第三条】

2.6.2 特种作业人员

直接从事特种作业的从业人员。

【来源：《特种作业人员安全技术培训考核管理规定》（国家安监总局令第 80 号）第三条】

解析：特种作业人员应当符合下列条件：

（1）年满 18 周岁，且不超过国家法定退休年龄。

（2）经社区或者县级以上医疗机构体检健康合格，并无妨碍从事相应特种作业的器质性心脏病、癫痫病、美尼尔氏症、眩晕症、癔病、震颤麻痹症、精神病、痴呆症以及其他疾病和生理缺陷。

（3）具有初中及以上文化程度。

（4）具备必要的安全技术知识与技能。

（5）相应特种作业规定的其他条件。

（6）危险化学品特种作业人员除符合前款第（1）、（2）、（4）、（5）项规定外，应当具备高中或者相当于高中及以上文化程度。

（7）特种作业人员必须经专门的安全技术培训并考核合格，取得《中华人民共和国特种作业操作证》后，方可上岗作业（见图2-6）。

图 2-6 特种作业操作证

2.6.3 电工作业

对电气设备进行运行、维护、安装、检修、改造、施工、调试等作业。

【来源：《特种作业人员安全技术培训考核管理规定》（国家安监总局令第 80 号）】

2.6.4 焊接与热切割作业

指运用焊接或者热切割方法对材料进行加工的作业。

【来源：《特种作业人员安全技术培训考核管理规定》（国家安监总局令第 80 号）】

解析： 焊接与热切割作业安全防护应遵守下列规定：

（1）对储存过易燃、易爆及有毒容器、管道进行焊接与切割时，要将易燃、易爆物和有毒气体放尽，用水冲洗干净，打开全部管道窗、孔，保持良好通风，方可进行焊接和切割，容器外要有专人监护，定时轮换休息。密封的容器、管道不准焊割。

（2）不得在油漆未干的结构和其他物体上进行焊接和切割。不得在混凝土地面上直接进行切割。

（3）在金属容器内进行工作时应有专人监护，容器内应通风良好，并设置防尘设施。

（4）在潮湿地方、金属容器和箱型结构内工作，焊工应穿干燥的工作服和绝缘胶鞋，身体不得与被焊接件接触，脚下应垫绝缘垫。

（5）在深基坑、盲洞内进行焊接作业前，应检查坑、洞内有无有害或可燃气体，并应设通风设施。

（6）气焊与气割的氧气瓶不得沾染油脂。如果氧气瓶口沾上油脂，当氧气急速喷出时，会使油脂迅速发生氧化反应，导致氧气瓶上的油脂燃烧，甚至爆炸。

（7）乙炔气瓶应保持直立放置，使用时要注意固定，并应有防止倾倒的措施，不得卧放使用，卧放的气瓶竖起来后需待20min后才可输气。这是由于乙炔气瓶装有填料和溶剂（丙酮），卧放使用时，丙酮易随乙炔气流出，不仅增加丙酮的消耗量，还会降低燃烧温度而影响使用，同时会产生回火而引发乙炔气瓶爆炸事故（见图2-7）。

图 2-7　乙炔气瓶及其防回火装置

（8）氧气胶管为蓝色，乙炔气胶管为红色，不准将氧气管接在焊、割炬的乙炔气进口上使用。这是由于氧气胶管是高压管，乙炔胶管是低压管，乙炔管在使用中有时会产生轻微回火，管内会有积炭，积炭混入氧气会引起爆炸。因此氧气胶管和乙炔气胶管不能混用。

2.6.5 高处作业

指在坠落高度基准面 2m 及以上有可能坠落的高处进行的作业。

【来源:《特种作业人员安全技术培训考核管理规定》(国家安监总局令第 80 号)】

2.6.6 危险化学品安全作业

指从事危险化工工艺过程操作及化工自动化控制仪表安装、维修、维护的作业。抽水蓄能电站工程施工现场涉及的危险化学品特种作业一般为压缩、氨合成反应、液氨储存等岗位作业。

【来源:《特种作业人员安全技术培训考核管理规定》(国家安监总局令第 80 号)】

2.6.7 架子工

从事落地式脚手架、悬挑式脚手架、模板支架、外电防护架、卸料平台、洞口临边防护等登高架设、维护、拆除作业的人员。

【来源:《建筑施工特种作业人员管理规定》(建质〔2008〕75 号)】

2.6.8 起重信号司索工

吊装作业中从事对起吊物体进行绑扎、挂钩等司索作业和起重指挥作业的人员。

【来源：《建筑施工特种作业人员管理规定》（建质〔2008〕75 号）】

2.6.9 起重机械司机

对塔吊、施工升降机、物料提升机进行专业驾驶操作的人员。

【来源：《建筑施工特种作业人员管理规定》（建质〔2008〕75 号）】

2.6.10 起重机械安装拆卸工

从事起重机械安装、附着、顶升和拆卸作业的专业人员。

【来源：《建筑施工特种作业人员管理规定》（建质〔2008〕75 号）】

2.6.11 高处作业吊篮安装拆卸工

从事吊篮悬挑机构、提升机构、钢丝绳安装和拆卸的专业人员。

【来源：《建筑施工特种作业人员管理规定》（建质〔2008〕75 号）】

2.7 危险化学品

2.7.1 危险化学品

具有毒害、腐蚀、爆炸、燃烧、助燃等性质，对人体、设施、环境具有危害的剧毒化学品和其他化学品。

【来源：GB 18218—2018《危险化学品重大危险源辨识》3.1】

解析：抽水蓄能电站工程建设涉及危险化学品安全风险品种见表 2-4。

2.7.2 危险化学品重大危险源

长期地或临时地生产、储存、使用和经营危险化学品，且危险化学品的数量等于或超过临界量的单元。

表 2-3 抽水蓄能电站施工涉及危险化学品安全风险品种目录

涉及的典型危险化学品	主要安全风险
水保监测使用氧气、乙炔、氢气气瓶以及三氯甲烷、硫酸、盐酸等	火灾、爆炸、中毒、腐蚀
汽油、氧气、乙炔	火灾、爆炸
硝铵炸药	爆炸

【来源：GB 18218—2018《危险化学品重大危险源辨识》3.4】

解析：危险化学品重大危险源可按照以下方法进行判别。

（1）单元内存在的危险物品为单一品种，则该危险物品的数量即为单元内危险物品的总量，若等于或超过相应的临界量，则定为重大危险源。

（2）单元内存在的危险物品为多品种时，则按式（2-1）计算，若满足式（2-1），则定义为重大危险源：

$$q_1/Q_1 + q_2/Q_2 + \cdots + q_n/Q_N \geqslant 1 \qquad (2\text{-}1)$$

式中：q_1，q_2，$\cdots$，q_n——每种危险物品实际存在量，单位为吨（t）；

Q_1，Q_2，$\cdots$，Q_N——与各危险物品相对应的临界量，单位为吨（t）。

2.7.3 单元

涉及危险化学品的生产、储存装置、设施或场所，分为生产单元和储存单元。

【来源：GB 18218—2018《危险化学品重大危险源辨识》3.2】

2.7.4 临界量

某种或某类危险化学品构成重大危险源所规定的最小数量。

【来源：GB 18218—2018《危险化学品重大危险源辨识》3.3】

2.7.5 储存单元

用于储存危险化学品的储罐或仓库组成的相对独立的区域，储罐区以罐区防火堤为界限划分为独立的单元，仓库以独立库房（独立建筑物）为界限划分为独立的单元。

【来源：GB 18218—2018《危险化学品重大危险源辨识》3.6】

2.7.6 生产单元

危险化学品的生产、加工及使用等的装置及设施，当装置及设施之间有切断阀时，以切断阀作为分隔界限划分为独立的单元。

【来源：GB 18218—2018《危险化学品重大危险源辨识》3.5】

2.7.7 液氨

是氨气在液态状态时的形态，是一种无色液体，有强烈刺激性气味，高毒且易燃易爆，一般储存在耐压钢瓶及液氨储罐中。在抽水蓄能电站工程施工中主要用于混凝土拌和系统混凝土骨料的冷却。

解析：液氨是一种危险化学品，施工现场的混凝土拌和系统制冷设备使用的制冷介质大多使用液氨，氨在常温下呈气态，工作场所空气中氨含量达到 $0.5\%\sim0.8\%$ 时（按体积计算），会引起人员中毒；空气中氨含量达到 $16\%\sim25\%$ 时，遇明火可引起爆炸。

液氨作业及安全防护应遵守下列规定：

（1）应制定安全操作规程，操作人员应经培训持证上岗，作业时要佩戴安全防护用品。现场应配置应急器材。

（2）液氨场所应配备过滤式防毒面具、正压式空气呼吸器、长管式防毒面具、重型防护服、橡胶手套、胶靴、化学安全防护眼镜，其中长管式防毒面具、正压式空气呼吸器、重型防护服至少配备两套，其他防护器具应满足岗位人员一人一具。

（3）新投入或检修后的储罐、管线等装置，灌装液氨前应进行吹扫、气密性等技术特性检验，并按相关规定办理审批手续。

（4）装卸过程中的流速和压力应符合技术要求，防止泄漏、溢出。车辆应熄火并防止滑动。作业人员应站在上风向。雷雨、六级及以上大风等恶劣气候应停止作业。

液氨泄漏处理应遵守以下规定：

（1）人员向上风处迅速撤离，并立即隔离半径不小于150m范围。应急人员应按规定佩戴自给正压式呼吸器，穿防静电工作服。

（2）应尽可能切断泄漏源及火源，通风扩散。

（3）高浓度液氨泄漏时，应采取喷含盐酸的雾状水的方法进行稀释,废水应及时处理。

2.8 安 全 设 施

2.8.1 安全设施

在建设施工活动中用于预防和减少生产安全事故的设备、设施、装置、构(建)筑物和其他技术措施的总称。

【来源:NB/T 10096—2018《电力建设工程施工安全管理导则》3.18】

解析:安全设施包括抽水蓄能电站工程建设过程中施工单位设置的临时安全设施以及抽水蓄能电站工程投入运行后保证生产运行管理人员劳动安全的安全设施。

2.8.2 安全设施"三同时"

建设工程安全设施必须与主体工程同时设计、同时施工、同时投入生产和使用。

【来源:《建设项目安全设施"三同时"监督管理办法》(国家安监总局令 第77号)第四条】

解析:本条安全设施主要指的是抽水蓄能电站工程投入运行后保证生产运行管理人员劳动安全和职业健康的安全设施。为确保安全设施满足相关要求,抽水蓄能电站工程投运前应开展抽水蓄能电站工程安全设施专项验收,安全设施专项验收应在电站枢纽工程和消防专项竣工验收之后进行。

2.8.3 防护围栏

是指用于施工过程中安全通道、设备保护、孔洞及临边、危险场所等区域隔离和警戒的安全设施。

2.8.4 安全警戒线

是指用于界定和分隔危险区域的标识线，以提供人们需要注意的某些信息。

2.8.5 安全工器具

用于防止触电、灼伤、坠落、摔跌、中毒、窒息、火灾、雷击、淹溺等事故或职业危害，保障工作人员人身安全的个体防护装备、绝缘安全工器具、登高工器具、安全围栏（网）和标识牌等专用工具和器具。

【来源：《国家电网公司电力安全工器具管理规定》（国家电网企管〔2014〕748号）】

2.8.6 安全标志

用以表达、传递特定安全信息的标志，由图形符号、安全色、几何形状（边框）或文字构成。

【来源：GB 2894—2008《安全标志及其使用导则》3.1】

解析：安全标志分为警告标志、禁止标志、指令标志、提示标志四类。安全警示标志设置规范为：

（1）安全标志应设置在与安全有关的明显地方，并保证人们有足够的时间注意其所表示的内容。

（2）设立于某一特定位置的安全标志应被牢固地安装，保证其自身不会产生危险，所有的标志均应具有坚实的结构。

（3）当安全标志被置于墙壁或其他现存的结构上时，背景色应与标志上的主色形成对比色。

（4）为了有效地发挥标志的作用，应对其定期检查，定期清洗，发现有变形，损坏，变色，图形符号脱落，亮度老化的情况，应及时更换。

当多个安全标识牌在一起的排列顺序：

根据《安全标志及其使用导则》（GB 2894）9.5："多个标志牌在一起设置时，应按警告、禁止、指令、提示类型的顺序排列"，而根据《用人单位职业病危害告知与警示标识管理规范》（安监总厅安健〔2014〕111 号）第三十条"多个警示标识在一起设置时，应按禁止、警告、指令、提示类型的顺序，先左后右、先上后下排列"，两个标准产生了冲突。实践中，普遍执行国标《安全标志及其使用导则》（GB 2894），也就是按照警告、禁止、指令、提示类型的顺序。在涉及职业健康作业内容则应依据《用人单位职业病危害告知与警示标识管理规范》（安监总厅安健〔2014〕111 号）进行排序，即禁止、警告、指令、提示类型的顺序。

2.8.7　安全色

被赋予安全含义而具有特殊属性的颜色，包括红色、蓝色、黄色、绿色。

【来源：GB 2894—2008《安全标志及其使用导则》3.2】

解析：安全色是表达安全信息的颜色，表示禁止、警告、指令、提示等意义。应用安全色使人们能够对威胁安全和健康的物体和环境作出尽快地反应，以减少事故的发生。安全色用途广泛，如用于安全标志牌、交通标志牌、防护栏杆及机器上不准乱动的部位等，以提高人们的警惕。

（1）红色。

表示禁止、停止、危险以及消防设备的意思。主要应用于：各种禁止标志、机械的停止按钮、刹车及停车装置的操纵手柄；机器转动部件的裸露部分，如飞轮、齿轮、皮带轮等轮辐部分。

（2）黄色。

表示提醒、警告人们注意。主要应用于：各种警告标志、道路交通标志、警戒标记，如危险机器和坑池周围的警戒线等，各种飞皮带轮及防护罩的内壁、警告信号旗等。

（3）绿色。

表示允许、安全的信息。主要应用于：各种提示标志；建筑物内的安全通道、行人和车辆的通行标志、急救站和救护站标志；消防疏散通道和其他安全防护设备标志、机器启动按钮及安全信号旗等。

（4）蓝色。

表示指令，要求人们必须遵守的规定。主要应用于：各种指令标志；交通指示车辆和行人行驶方向的各种标线等标志。

2.8.8　对比色

与安全色形成鲜明对比使其更加醒目的颜色，包括黑色、白色。

【来源：GB/T 15565—2020《图形符号　术语》3.4.1.6】

解析：对比色与安全色形成鲜明对比使安全色更加醒目，常用的安全色及其相关的对比色是红色-白色；黄色-黑色；蓝色-白色；绿色-白色。

红色与白色相间隔的条纹。比单独使用红色更加醒目，表示禁止通行、禁止跨越的信息。主要用于工程施工现场高边坡、临时道路外侧、基坑边沿等部位使用的防护栏杆。

黄色与黑色相间条纹，比单独使用黄色更醒目，表示特别注意的信息。主要用于各种机械在工作或移动时容易碰撞的部位，如移动式起重机的外伸腿、起重机的吊钩滑轮侧板、起重臂的顶端、剪板机的压紧装置等有暂时或永久性危险的场所或设备等。

蓝色与白色相间隔的条纹，比单独使用蓝色更醒目，表示方向、指令的安全标记，主要用于交通上的指示性导向标等。

绿色与白色相间隔的条纹，比单独使用绿色更醒目，表示指示安全环境的安全标记。

2.8.9　禁止标志

禁止人们不安全行为的图形标志。

【来源：GB 2894—2008《安全标志及其使用导则》3.3】

解析：禁止标志的几何图形是带斜杠的圆环，斜杠与圆环相连用红色，图形符号用黑色，背景用白色。辅助标志的衬底色为红色、字体为白色，用来表示不准或制止人们的某些行为，如禁放易燃物禁止吸烟、禁止通行等（见图 2-8）。

图 2-8　禁止标志

2.8.10　警告标志

提醒人们对周围环境引起注意，以避免可能发生危险的图形标志。

【来源：GB 2894—2008《安全标志及其使用导则》3.4】

解析：警告标志的几何图形是黑色的正三角形，黑色符号，黄色背景。辅助标志的衬底色为安全色或白色、字体为黑色，用来警告人们可能发生的危险，如注意安全、当心火灾、当心触电等（见图 2-9）。

图 2-9　警告标志

2.8.11　指令标志

强制人们必须做出某种动作或采用防范措施的图形标志。

【来源：GB 2894—2008《安全标志
及其使用导则》3.5】

解析：指令标志的几何图形是圆形，
蓝色背景，白色图形符号。辅助标志的
衬底色为蓝色、字体为白色，用来表示
必须遵守的命令，如必须戴安全帽、必
须系安全带等（见图 2-10）。

图 2-10　指令标志

2.8.12　提示标志

向人们提供某种信息（如标明安全设施或场所等）的图形
标志。

【来源：GB 2894—2008《安全标志及其使用导则》3.6】

解析：提示标志示例（见图 2-11）。

2.8.13　消防设施标志

提示消防设施所在位置或如何使用
消防设施的安全标志。

【来源：GB/T 15565—2020《图形符
号　术语》5.2.1.5】

图 2-11　提示标志

解析：消防设施标志示例（图 2-12）。

2.8.14　辅助标志

用文字解释主标志所传递信息的标志，主要为主标志提供补充说明，起辅助作用。

图 2-12　消防设施标志

【来源：GB/T 15565—2020《图形符号　术语》3.2.5】

2.8.15　疏散平面图

提供疏散路线和应急设施等信息的平面图。

【来源：GB/T 15565—2020《图形符号　术语》5.3.1】

2.9　安　全　保　卫

2.9.1　安全保卫

综合运用人防、物防、技防等多种手段，预防、延迟、阻止入侵、盗窃、抢劫、破坏、爆炸、暴力袭击事件的发生。

【来源：GB 50348—2018《安全防范工程技术标准》2.0.1】

同义词：安全防范。

2.9.2　人防

执行安全保卫任务的具有相应素质人员或人员群体的一种有组织的防范行为（包括人、组织和管理等）。利用具有相应素质的人员有组织的防范、处置等安全管理行为。

【来源：GB 50348—2018《安全防范工程技术标准》2.0.2】

解析：施工单位应结合实际在各施工作业区域设置门岗，配备治安保卫人员，对施工作业区域以及重点保护部位进行治安防范巡逻和检查，及时排查治安隐患。治安保卫人员应24h对施工区域进行巡逻，发现可疑情况，应及时向施工项目部和建设单位报告，事态严重的立即上报地方公安机关。

2.9.3 物防

利用建筑物、屏障、器具、设备或其组合，阻止风险事件发生的防护手段。

【来源：GB 50348—2018《安全防范工程技术标准》2.0.3】

2.9.4 技防

利用视频监控、传感器等各种电子设备组成的系统，以提高探测、反应能力的防护手段。

【来源：GB 50348—2018《安全防范工程技术标准》2.0.4】

2.9.5 入侵和紧急报警系统

利用传感器技术和电子信息技术对非法进入设防区域的行为进行探测并触发紧急报警装置发出报警信息的电子系统。

【来源：GB 50348—2018《安全防范工程技术标准》2.0.9】

2.9.6 常态防范

运用人防、物防、技防等多种手段，常规性预防、延迟、阻止发生治安和恐怖案事件的管理行为。

2.9.7 非常态防范

在重要会议、重大活动等重要时段，采取临时性加强防范手段和措施，以提升安全保卫、反恐怖防护能力的管理行为。

2.10 金属结构与机电设备安装

2.10.1 安全隔离平台

施工现场必须实行交叉作业时，设置的将上下层分隔开、保护下层作业人员和设备安全的安全设施。

【来源：DL/T 5372—2017《水电水利工程金属结构与机电设备安装安全技术规程》2.0.2】

2.10.2 爆炸消应

通过在焊缝附近引爆的小药量炸药产生的瞬时能量的作用，使焊缝处焊接残余应力重新分布以达到降低焊缝残余应力峰值的方法。

【来源：DL/T 5372—2017《水电水利工程金属结构与机电设备安装安全技术规程》2.0.6】

2.10.3 无损检测

在不损坏被检零部件的基础上，用各种特定的专业方法探测零部件内部或表面所存在的缺陷的过程。

【来源：DL/T 5372—2017《水电水利工程金属结构与机电设备安装安全技术规程》2.0.7】

2.10.4 放射性作业

从事接触 α、β、γ 射线或中子流等的作业。放射线对人体细胞和组织都有不同程度的伤害作用，γ射线具有较强的穿透力，即使是体外照射，也能对深部组织造成损伤。

2.10.5 有效通风

为保证涂装作业场所空气中有害物质浓度低于国家卫生标准规定的最高容许浓度的通风措施。

2.10.6 锚定装置

将起重机与轨道基础相连接防止起重机在大风作用下沿轨道滑行、倾覆的固定装置。

2.10.7 限位器

当起重机相应的机构元件达到其设计极限位置时，能自行停止或限制起升、变幅、回转和行走等机构运转的装置。

2.10.8 无负荷试验

起重机械取物装置上不加负荷时，开动各机构，试验其工作是否正常的技术检验方法。

2.10.9 动负荷试验

吊着试验重物反复地卷扬、移动、旋转，以检验起重机各部的运行情况，如有不正常现象则应更换或修理。试验重物的质量应为额定起重量的110％。

2.11 职业健康管理

2.11.1 职业健康

是对工作场所内产生或存在的职业性有害因素及其健康损害

进行识别、评估、预测和控制的一门科学。

【来源：DL/T 5370—2017《水电水利工程施工通用安全技术规程》2.0.10】

2.11.2 职业病

劳动者在职业活动中，因接触粉尘、放射性物质和其他有毒、有害因素而引起的疾病。

【来源：《中华人民共和国职业病防治法》（中华人民共和国主席令第24号）第二条】

2.11.3 职业禁忌证

劳动者从事特定职业或者接触特定职业病危害因素时，比一般职业人群更易于遭受职业病危害和罹患职业病或者可能导致原有自身疾病病情加重的个人特殊生理或病理状态。

【来源：DL/T 5373—2017《水电水利工程施工作业人员安全操作规程》2.0.5（有修改）】

2.11.4 职业病危害告知

用人单位通过与劳动者签订劳动合同、公告、培训等方式，使劳动者知晓工作场所产生或存在的职业病危害因素、防护措施、对健康的影响以及健康检查结果等的行为。

解析： 职业病危害告知卡示例（见图2-13）。

2.11.5 职业病防护设施"三同时"

职业病防护设施必须与主体工程同时设计、同时施工、同时

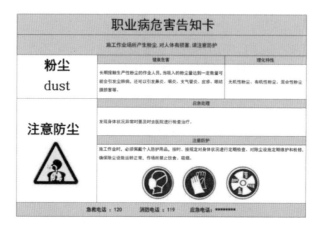

图 2-13　职业病危害告知卡

投入生产和使用。

【来源：NB/T 10096—2018《电力建设工程施工安全管理导则》3.4】

2.11.6　职业病危害因素

在职业活动中产生和（或）存在的，可能对劳动者健康、安全和作业能力造成不良影响的化学、物理、生物等因素或条件。

【来源：DL/T 325—2010《电力行业职业健康监护技术规范》3.4】

解析：抽水蓄能电站工程施工和设备安装调试过程中职业病危害及其防护措施建议如表 2-4 所示。

表 2-4　　　　　建设施工和设备安装调试过程职
业病危害及其防护措施建议

作业工序	作业工种	主要职业危害因素	可采取的职业病防护措施
凿岩	凿岩工	矽尘、噪声、局部振动、其他粉尘	工人佩戴防护面罩、防尘过滤元件、防噪耳塞或耳罩、防振手套等
钻孔爆破	爆破工	矽尘、噪声、其他粉尘、氮氧化物、一氧化碳	工人佩戴防尘防毒口罩、防噪耳塞或耳罩等
土石开挖与回填	土石方机械操作工、石工	矽尘、其他粉尘、噪声	土石开挖作业面适当喷水；运输车辆采取密闭、遮盖措施；工人佩戴防护面罩、防尘过滤元件、防噪耳塞等
混凝土搅拌、混凝土喷射	混凝土工	水泥粉尘、石灰石粉尘、噪声	水泥应设专门库房堆放；混凝土搅拌设置在棚内，并设喷雾抑尘设施；喷射混凝土应采取湿喷工艺，工人佩戴防护面罩、防尘过滤元件、防噪耳塞等
模板制作、安装与拆除	木工	木粉尘、噪声	木工场设局部通风除尘设施；工人佩戴防尘口罩、防噪耳塞等
钢筋制作	钢筋工	其他粉尘、噪声	工人佩戴防尘口罩、防噪耳塞等
墙面涂料配料及粉刷	抹灰工	其他粉尘、噪声	工人佩戴防尘口罩、防噪耳塞等
防水	防水工	其他粉尘、噪声	工人佩戴防尘口罩、防噪耳罩、防烫伤手套等
沥青路面铺设	沥青路面铺设工	沥青（烟）、噪声、高温	工人佩戴防护面罩及防毒过滤元件、热辐射工作服、防烫伤手套、防护围裙等
设备喷砂及清理	设备安装工	矽尘、其他粉尘、噪声	喷砂车间设局部机械通风除尘设施；工人佩戴防尘口罩、防护面罩及防尘过滤元件、防噪耳塞等

续表

作业工序	作业工种	主要职业危害因素	可采取的职业病防护措施
设备防腐	防腐工	其他粉尘、苯、甲苯、二甲苯等	防腐车间设机械通风设施；工人佩戴喷漆专用防护服、防护面罩、防毒过滤元件、防化学品手套、防冲击眼镜等
设备吊装与运输	起重工、工程车驾驶员等	噪声	尽量选取低噪声设备；工程车驾驶室密闭；工人佩戴防噪耳塞等
设备及管道组合安装	设备安装工	噪声	安装作业及堆放场、机械加工区等施工场地单独布置；工人佩戴防噪耳塞
焊接	电焊工	电焊烟尘、锰及其无机化合物、一氧化碳、一氧化氮、二氧化氮、臭氧、噪声、紫外辐射、高温	铆焊作业场设局部通风除尘设施；工人佩戴防护面罩、防尘过滤元件、焊接专用面屏、焊接手套等
设备启动调试	设备调试工	噪声、高温、振动、粉尘	工人佩戴防尘口罩、防噪耳塞等
设备及管道探伤检验	探伤作业人员	电离辐射	工人佩戴防护铅衣、射线个人剂量仪、射线报警仪等

注：在地下洞室工程施工中会接触岩体中释放出的氡及其子体，建设单位和施工单位应加强施工期氡及其子体的防护。

相关防护措施：

（1）地下洞室施工均应保证通风的有效性，确保通风系统的正常运转，适当的通风是排除洞内氡及其子体的有效措施，使新鲜空气直接送到工作人员的活动场所，确保洞中空气清新，保证洞中空气中氡及其子体与洞外本底比较接近。排氡通风换气次数宜不小于1次/h。

（2）控制、隔离氡源，堵塞或密封氡从洞内周围岩石壁进洞内的所有通路孔隙，并防止富氡地下水的渗入等。尽可能控制和隔离氡源。

（3）施工和管理人员进入洞内施工作业，必须配备安全帽、工作服和防尘防氡面具等。

（4）在各洞口应设立辐射警示牌，无关人员严禁进入洞内。

（5）建设单位应对地下工程环境辐射进行定期或不定期的检测或监测，及时发现问题，采取补救措施，保证工程运行期的人身安全。

2.11.7 矽尘（硅尘）

含有大于或等于10%游离二氧化硅量的粉尘，如岩石开采、隧洞挖掘等产生的粉尘。

【来源：DL/T 325—2010《电力行业职业健康监护技术规范》3.5】

解析： 矽尘是导致矽肺的致病粉尘，在尘肺病中矽肺分布最广、发病率高，发病工龄短，进展快，病死率高，是危害最严重的尘肺。采矿、建材、钻爆施工等各种长期接尘工种均可导致矽肺。因此在抽水蓄能电站工程建设过程中应对常见产生粉尘等危害的作业场所加强管理，预防和消除职业病危害。

（1）产生粉尘危害因素的作业场所，应进行日常监测和定期检测评价，对超标的作业环境及时治理。定期评价检测应由职业健康服务机构检测。

（2）钻孔应采取湿式作业或采取干式捕尘措施，喷射混凝土应采取湿喷工艺。

（3）砂石加工系统的破碎、筛分，混凝土生产系统的胶凝材料储存、输送、混凝土拌和等作业应采取隔离、密封及除尘措施。

（4）密闭容器、构件及狭窄部位进行电焊作业时应加强通风，佩戴防护电焊烟尘的防护用品。

（5）地下洞室施工应有强制通风设施，确保洞内粉尘、烟尘、废气及时排出。

（6）作业人员应佩戴相应的防尘防护用品。

2.11.8 职业病危害预评价

可能产生职业病危害的建设项目，在可行性论证阶段，对建设项目可能产生的职业病危害因素、危害程度、对劳动者健康影响、防护措施等进行预测性卫生学分析与评价，确定建设项目在职业病防治方面的可行性，为职业病危害分类管理和职业病防护设施设计提供依据。

【来源：GB/T 15236—2008《职业安全卫生术语》4.12】

解析： 在抽水蓄能电站可行性研究阶段的初期，建设单位应按国家标准或者行业标准的规定，委托具有相应资质的安全评价机构对工程项目进行安全预评价和职业病危害预评价，预评价报告应当符合有关法规和标准的要求，并形成独立章节的预评价专题报告。

2.11.9　职业病危害现状评价

在正常施工作业状况下，对施工项目现场职业病危害因素及其接触水平、职业病防护设施及其他职业病防护措施与效果、职业病危害因素对劳动者的健康影响等进行综合评价。

【来源：GB/T 15236—2008《职业安全卫生术语》4.11】

2.11.10　职业病危害控制效果评价

建设项目竣工验收前，对工作场所职业病危害因素、职业病危害程度、职业病防护措施及效果、对劳动者健康的影响等做出综合评价。

【来源：GB/T 15236—2008《职业安全卫生术语》4.13】

解析： 在抽水蓄能电站工程竣工验收前或者机组试运行期间，建设单位应当进行职业病危害控制效果评价，编制评价报告。评价报告编制完成后，建设单位应按规定组织职业卫生专业技术人员对评价报告进行评审，并形成是否符合职业病防治有关法规和标准要求的评审意见。

2.12　应　急　管　理

2.12.1　应急预案

针对可能发生的事故，为最大程度减少事故损害而预先制定的应急准备工作方案。

【来源：GB/T 29639—2020《生产经营单位生产安全事故应急预案编制导则》3.1】

解析：应急预案的编制应当成立编制工作小组，由本单位主要负责人任组长，与应急预案有关的职能部门人员以及有现场处置经验的人员参加编制。应急预案编制前，应当进行事故风险辨识、评估和应急资源调查。应急预案经评审通过后，应由本单位主要负责人签署发布并在发布之日起 20 个工作日内，按照分级属地原则，向县级以上人民政府应急管理部门和其他负有安全生产监督管理职责的部门进行备案。

2.12.2　综合应急预案

应对生产安全事故制定的综合性工作方案，是应对突发事件的总体工作程序、措施和应急预案体系的总纲。

【来源：《生产安全事故应急预案管理办法》（应急管理部令第 2 号）第六条】

2.12.3　专项应急预案

应对某种或多种类型生产安全事故，或针对重要生产设施、重大危险源、重大活动防止突发事件制定的专项性工作方案。

【来源：《生产安全事故应急预案管理办法》（应急管理部令第 2 号）第六条】

2.12.4　现场处置方案

根据生产安全事故或突发事件类型，针对具体场所、装置或设施制定的应急处置措施。

【来源：《生产安全事故应急预案管理办法》（应急管理部令第 2 号）第六条】

2.12.5 应急处置卡

在编制应急预案基础上，针对工作场所、岗位的特点，编制的简明、实用、有效、便携并记载了重点岗位、人员的应急处置程序和措施以及相关联络人员和联系方式的卡片。

【来源：《生产安全事故应急预案管理办法》（应急管理部令第 2 号）第十九条】

解析： 应急处置卡如表 2-5 所示。

表 2-5　　　　　　　　　岗位安全应急处置卡

作业名称	脚手架搭拆		
作业对象	架子工	危险等级	重大
主要危害因素	1. 架子工无证上岗，患有高血压、心脏病、癫痫病病以及不适于高处作业的人搭设脚手架。 2. 架子工酒后作业、疲劳作业、冒险蛮干。 3. 未正确使用个人劳动防护用品，未佩戴安全带，穿防滑鞋		
易发生事故类型	高处坠落、物体打击、触电、坍塌		
须穿戴的防护用品	安全帽、安全带、防滑鞋等		
岗位操作注意事项	1. 架子工必须经过专业安全培训，考试合格并取得特种作业操作证后方可上岗作业。 2. 必须按规定着装，正确使用安全防护用品，高处作业时必须系好安全带，穿防滑鞋。 3. 必须严格执行安全技术交底，按照专项安全技术措施来搭设。 4. 遇高温、大雨、大雪、大雾、六级以上大风等恶劣天气应停止高处露天作业		

作业名称	脚手架搭拆		
作业对象	架子工	危险等级	重大
应急处置措施	1. 事故发生时，危险区域人员应紧急疏散，立即向现场负责人报告事故情况、并履行紧急救助。 2. 伤者轻微的体外创伤不需要缝合的，可用生理盐水进行清洗，用酒精进行消炎，敷上消炎药，进行包扎即可。 3. 根据伤情严重情况及时拨打 120 急救电话或直接用车送至就近医院抢救、治疗。 4. 对受伤昏迷者情况允许可采取人工呼吸等待专业医生救治。 电话报告：主要负责人：×××××× 火警电话：119 急救电话：120		
安全警示标志	当心坠落　必须系安全带　必须戴安全帽		
告知人：（签名）		接受人：（签名）	

2.12.6 应急演练

针对可能发生的事故情景，依据应急预案而模拟开展的应急活动。

【来源：AQ/T 9007—2019《生产安全事故应急演练基本规范》3.2】

解析：生产经营单位应当制定本单位的应急预案演练计划，根据本单位的事故风险特点，每年至少组织一次综合应急预案演练或者专项应急预案演练，每半年至少组织一次现场处置方案演练。

2.12.7 桌面演练

针对事故情景，利用流程图、计算机模拟、视频会议等辅助手段，进行讨论和推演的应急演练活动。

【来源：AQ/T 9007—2019《生产安全事故应急演练基本规范》3.5】

2.12.8 实战演练

针对事故情景，选择或模拟生产经营活动中的设备、设施、装置或场所，利用各类应急器材、物资，通过实际操作完成应急响应的过程。

【来源：AQ/T 9007—2019《生产安全事故应急演练基本规范》3.6】

2.12.9 应急演练评估

围绕演练目标和要求，对参演人员表现、演练活动准备及其组织实施过程作出客观评价，并编写演练评估报告的过程。

【来源：AQ/T 9009—2015《生产安全事故应急演练评估规范》3.2】

2.12.10 应急能力建设评估

通过对企业应对突发事件的综合能力进行评估，查找企业应急能力存在的问题和不足，以指导企业完善应急体系建设的活动。

【来源：DL/T 1919—2018《发电企业应急能力建设评估规范》3.3】

2.12.11　应急资源调查

全面调查建设工程本地区、各参建单位第一时间可调用的应急资源状况和合作区域内可请求援助的应急资源状况，并结合风险辨识评估结论制定应急措施的过程。

【来源：《生产安全事故应急预案管理办法》（应急管理部令第 2 号）第十条】

2.12.12　应急物资

为应对严重自然灾害、事故灾害、公共卫生事件和社会安全事件等突发公共事件应急全过程中所必需的物资保障。

【来源：GB/T 38565—2020《应急物资分类及编码》3.1】

2.12.13　应急准备

针对可能发生的事故，为迅速、科学、有序地开展应急行动而预先进行的思想准备、组织准备和物资准备。

2.12.14　应急响应

针对事故险情或事故，依据应急预案采取的应急行动。

【来源：GB/T 29639—2020《生产经营单位生产安全事故应急预案编制导则》3.2】

2.12.15　应急救援

在应急响应过程中，为最大限度地降低事故造成的损失或危害，防止事故扩大而采取的紧急措施或行动。

2.13 生产安全事故管理

2.13.1 事故

造成死亡、疾病、伤害、损伤或其他损失的意外情况。

【来源：GB/T 15236—2008《职业安全卫生术语》3.1】

2.13.2 特别重大事故

造成 30 人及以上死亡，或者 100 人及以上重伤，或者 1 亿元及以上直接经济损失的事故。

【来源：《生产安全事故报告和调查处理条例》（国务院令第 493 号）第三条（有修改）】

2.13.3 重大事故

造成 10 人及以上 30 人以下死亡，或者 50 人及以上 100 人以下重伤，或者 5000 万元及以上 1 亿元以下直接经济损失的事故。

【来源：《生产安全事故报告和调查处理条例》（国务院令第 493 号）第三条（有修改）】

2.13.4 较大事故

造成 3 人及以上 10 人以下死亡，或者 10 人及以上 50 人以下重伤，或者 1000 万元及以上 5000 万元以下直接经济损失的事故。

【来源：《生产安全事故报告和调查处理条例》（国务院令第 493 号）第三条（有修改）】

2.13.5 一般事故

造成 3 人以下死亡，或者 10 人以下重伤，或者 1000 万元以下直接经济损失的事故。

【来源:《生产安全事故报告和调查处理条例》(国务院令第493号)第三条(有修改)】

2.13.6 物体打击

物体在重力或其他外力的作用下产生运动中打击人体造成的人身伤亡事故,不包括因机械设备、车辆、起重机械、坍塌等引发的物体打击。

【来源:GB/T 15236—2008《职业安全卫生术语》3.6】

2.13.7 车辆伤害

机动车辆在行驶中引起的人体坠落和物体倒塌或倾覆等造成的人身伤亡事故,不包括起重设备提升车辆和车辆停驶时发生的事故。

【来源:GB/T 15236—2008《职业安全卫生术语》3.7】

2.13.8 机械伤害

机械设备部件、工具直接与人体接触引起的夹击、碰撞、剪切、卷入、刺入等伤害。

【来源:GB/T 15236—2008《职业安全卫生术语》3.8】

解析:案例 2-1 盲目启动机械开关伤害事故

(1)事故经过。

某电站施工单位筛分系统筛分班班长发现预筛分振动筛筛网紧固螺母脱落,即通知调度室,将预筛分系统停机后,安排人员进行紧固。此时，筛分工段临时负责人谭某在办公室听到预筛分系统停机，即出来察看，看到洗石机在空运转，随手按下停机按钮，询问了检修情况，回到办公室。20min后，谭某又来察看，见到筛分工黄某在洗石机头部处理超径石和石渣，10min后，谭某再次来到筛分楼，见洗石机无人，于是伸手按下启动按钮，洗石机启动，农民工陈某疾呼"洗石机内有人"，同时，从洗石机尾部传来了惨叫声。谭某立即按下停机按钮，发现黄某已被洗石机叶片绞住下身不能动弹，经抢救无效死亡。

（2）事故原因。

1）谭某在未确定洗石机隐蔽部位是否安全的情况下，盲目启动洗石机，违反了机械操作的安全技术规定。

2）设备运行检查管理规章制度不严。

3）黄某系老工人，巡视时见洗石机处于停机状态并发现机内有石渣，在未断开空气开关，无人监护或挂警示牌的情况下，进入机内清理并冒险进入洗石机隐蔽部位。

4）事故主要原因忽视洗石机的安全操作规程，违章冒险操作。

（3）事故防范措施。

严格操作规程，加强安全教育，努力提高职工的安全意识，严格按章操作。

2.13.9 起重伤害

各种起重作业（包括起重机安装、检修、试验）中发生的挤压，坠落（吊具、吊重），折臂，倾翻，倒塌等引起的对人的伤害。

【来源：GB/T 15236—2008《职业安全卫生术语》3.9】

解析：案例 2-2　钢丝绳断裂吊物坠落导致人员伤亡事故

（1）事故经过。

某电站土建施工标段进行暗挖施工，分包单位的作业人员梅某、陆某等 5 人进入导洞施工，其中 3 人在竖井底部从事向井外清运土方作业，1 人操作起重机。3：00 左右，施工现场使用的电动单梁起重机在提升过程中冲顶，吊钩滑轮组与电动葫芦的护板发生严重撞击，电动葫芦钢丝绳断裂，料斗从井口处坠落至井底（落差约 18m），将在井底进行清土作业的 3 人当场砸伤致死。

（2）事故原因。

1）施工单位严重违反《特种设备安全监察条例》，电动单梁起重机没有安装导绳器、上升限位装置，并且起重滑轮边缘局部破损的情况下，仍安排设备进行吊装作业，以致在吊斗提升过程中发生冲顶，受力的钢丝绳滑出滑轮轨道，被破损的滑轮边缘剪断，吊斗随之落下。

2）吊钩滑轮组未设置有效的钢丝绳防脱槽装置，钢丝绳脱槽后被挤进滑轮缺口处受剪切，并在吊钩滑轮组冲顶联合作用下，导致钢丝绳断裂。

3）操作人员严重违反了《特种设备安全监察条例》，未经专业培训，使用假操作证从事特种作业，项目部起重机吊装作业现场未设置专职信号指挥人员。

4）作业人员安全意识淡薄，违反"不得随意进入施工现场起吊作业区域"的规定，在起重机吊运过程中盲目进入起重机垂直运输作业区域下方清土作业。

5）施工单位对电动单梁起重机缺乏管理，对电动单梁起重机运行、安全状况的检查不到位，致使设备带病运行。

6）施工单位对特种作业人员从业资格审查管理不严，起重机司机、信号工等多名作业人员使用假证从事特种作业操作。

（3）事故防范措施。

1）加强机械设备管理，严格按照《特种设备安全监察条例》的规定，做好监督检查，确保设备的安全装置齐全、灵敏、有效。安全装置有缺陷或不齐全的设备，禁止使用。

2）凡属特种设备作业人员，应当按国家有关规定经特种设备安全监督管理部门考核合格，取得操作证后，方可从事相应的作业或管理工作。

3）起重吊装、设备安装拆除等危险性较大作业须划定危险警戒区域，采取可靠措施，并设专人监护，防止人员进入。

4）加大对施工现场的安全检查力度，以及各项安全管理措施落实情况的检查，以确保发现隐患并能及时采取有效的整改措施。

2.13.10 触电

电流流经人体或带电体与人体间发生放电而造成的人身

伤害。

【来源：GB/T 15236—2008《职业安全卫生术语》3.10】

解析：案例 2-3　电缆绝缘皮破损导致人身触电伤亡事故

（1）事故经过。

2015 年 8 月 1 日至 3 日，某水电建设工地连续三天暴雨。暴雨结束后施工现场基坑积水较多，电工朱某与焊工刘某负责施工前的抽排水等工作。朱某发现潜水泵抽水效果不太好，便与刘某来到潜水泵附近检查，刘某顺手拾起地面的潜水泵供电线想检查接线情况。电线由于长时间延地敷设且无保护措施，绝缘皮早被来往车辆碾压破坏，又加之地面潮湿，刘某当即触电倒地。电工朱某见刘某倒地很可能是触电，立即跑到配电箱处切断电源，并立即汇报，后将刘某送至最近医院急救中心抢救，但经抢救无效死亡。

（2）事故原因。

1）施工单位临时用电线缆延地敷设无保护，线缆破损，加之事发当天现场潮湿导致线缆漏电。

2）用电设备与配电箱距离超过规范要求，发生触电事故难以快速采取措施。

3）临时用电系统未采用三相五线制，漏电保护无效。

4）焊工安全意识淡薄，在未穿戴绝缘防护装具的情况下擅自检查用电设备。

（3）事故防范措施。

1）吸取教训，举一反三，深刻检查，提高员工自我保护和相互保护的安全防范意识。

2）立即组织电工等对施工现场全面的安全检查，不留死角。对检查出的各类事故隐患马上定人、定时、定措施落实整改不留隐患。

3）加强设备管理、严格电气设备一机一闸制度，且必须安装剩余电流动作保护器。

2.13.11 高处坠落

在高处作业中发生坠落造成的伤亡事故，不包括触电坠落事故。高处作业指距地面 2.0m 以上高度的作业。

【来源：GB/T 15236—2008《职业安全卫生术语》3.14】

2.13.12 坍塌

物体在外力或重力作用下，超过自身的强度极限或因结构稳定性破坏而造成的陷落和倒塌事故，如挖沟时的土石塌方、脚手架坍塌、堆置物倒塌等。

【来源：GB/T 15236—2008《职业安全卫生术语》3.15】

解析：案例 2-4 施工排架坍塌导致人员伤亡事故

（1）事故经过。

某电站工程砂石料系统 10 号成品料仓是地下竖井工程，竖井直径 10.8m，高 38m，底部高程 1224m。某年 6 月开挖工程完工后，进行混凝土浇筑施工。6月9日，开始搭设钢管排架平台，6月13日排架完工，平台高程1262m。6月14日、22日进行了二次竖井顶部锁口垫层钢筋钢模板安装和混凝土浇筑施工。6月24日，10名施工人员开始拆除钢模板，同时进行混凝土凿毛作业，将399块拆下钢模板堆放在平台一角，在接凿毛风管时，排架突然垮塌，10名施工人员随排架平台坠落至竖井底部，造成2人死亡，3人负伤。

（2）事故原因。

1）排架平台搭设未按设计规范施工，大多使用旧钢管、扣件，排架稳定性不够。

2）材料存放不当。平台荷载过于集中，拆下399块钢模板共6.13t，集中堆在一角，致使平台荷载失衡垮塌。

3）安全教育培训不够，施工人员缺乏安全操作技术和技能，缺乏对排架平台安全使用的基本知识。

4）施工现场缺乏安全检查监督，致使排架存在隐患未能及时发现和整改。

5）项目安全管理失控，对分包单位排架搭设、验收和使用安全未能有效监控和指导。

（3）事故防范措施。

1）对脚手架、大型起重机械拆装等专项工程施工前，要编制专项安全技术措施并经技术负责人审核、总监理工程师批准后方可实施，在施工前对施工人员进行安全技术交底；脚手架搭设完毕后要按照安全要求和技术规范进行检验、验收。

2）加强对作业现场的安全监督管理力度，做好排架施工过程中日常安全巡查监护工作，消除施工作业中的安全隐患，对检查发现的违章行为和安全隐患要立即整改和纠正。

3）加强对作业班组和施工人员的安全教育培训，提高排架施工作业人员的安全基本知识和操作技能，树立"安全生产，重在预防"的安全理念。

4）施工单位要将分包工程队伍的安全生产纳入自身安全生产管理范畴，加强对外协队伍的安全资质审查和施工中的监督指导，加强分承包方员工的安全教育和培训，加强过程安全控制。

2.13.13 冒顶片帮

在隧洞等地下工程开挖作业过程中由于洞室工作面、通道上部、侧壁由于支护不当，侧压力过大造成的坍塌伤害事故。顶板塌落为冒顶，侧壁坍塌为片帮。一般因二者同时发生，称为冒顶片帮。

【来源：GB/T 15236—2008《职业安全卫生术语》3.16】

解析： 案例 2-5　引水隧顶拱支护掉块致使人员伤亡事故

（1）事故经过。

某电站引水隧洞工程，安排施工人员（其中有 8 名作业人员正在对洞内进行挂网锚喷支护施工，1 名安全人员现场旁站观察）对隧洞进水口段进行支护施工作业时，洞室顶部突发掉块，直接砸向作业平台上的施工人员，将现场作业的平台砸塌，并造成平台上的施工人员1人重伤，2人轻伤。事故发生后，项目部并立即将受伤人员送往医院救治，但重伤人员在送往医院途中不幸死亡。

（2）事故原因。

1）隧道内施工方每日进行不定时不定次的安全巡检，但未发现该段明显的开裂变形迹象。

2）该段岩层走向与洞轴线小角度相交且陡倾，顶拱岩体受层面裂隙及随机裂隙的切割易产生不稳定块体，在正常情况下处于临界稳定状态，且从表面不易发现，由于事发时期雨水丰富，地下水增大，该不稳定块体在施工人员对其进行支护作业时由于地下水及施工扰动的影响突发掉块，造成人员伤亡。

（3）事故防范措施。

1）针对危险性较大、专业性较强的作业进行专项教育，进行安全技术交底，使作业人员充分了解其危险性和危害性。

2）在不良地质作业段施工作业时，应勤观察、多监测、多检查，做好洞室开挖敲帮问顶，保障安全。

3）要求进水口施工作业队在停工整顿期间，"举一反三"立即组织相关人员进行隐患排查，对不良地质地段安全隐患部位立即采取相应处理措施。

2.13.14 透水

地下开挖作业时，由于地下水或地下水层在水压的作用下，突然涌入基坑而造成的伤亡事故。

【来源：GB/T 15236—2008《职业安全卫生术语》3.17】

2.13.15 放炮事故

爆破作业中发生的伤亡和中毒事故。

【来源：GB/T 15236—2008《职业安全卫生术语》3.18】

解析：案例 2-6 放炮飞石伤害事故

（1）事故经过。

2014 年，某抽水蓄能电站北库底西岸桩号 1＋116 右 96m 位置放炮，某工程局张某与王某在前方施工调度值班室内避炮，一块约 10kg 重的石头穿过施工调度值班室纤维板墙，打在张某右边头部后又落下砸在王某的左臂上，张某在送往医院后因抢救无效死亡，王某受重伤。

（2）事故原因。

1）张某与王某在施工调度值班室内避炮，而该值班室由纤维板制成，值班室强度不足。

2）爆破装药量过大，爆破设计中的装药量与飞石距离的计算存在问题。

（3）事故防范措施。

1）在爆破设计实施前进行严格审查。

2）对前方施工调度值班室进行加固。

2.13.16　中毒

有毒物质通过不同途径进入体内引起某些生理功能或组织器官受到急性健康损害的事故。

【来源：GB/T 15236—2008《职业安全卫生术语》3.21】

2.13.17　窒息

机体由于急性缺氧发生晕倒甚至死亡的事故。窒息分为内窒息和外窒息，生产环境中的严重缺氧可导致外窒息，吸入窒息性气体可致内窒息。

【来源：GB/T 15236—2008《职业安全卫生术语》3.22】

解析：案例 2-7　斜井内中毒窒息致使人员伤亡事故

（1）事故经过。

2015 年，某电站引水隧道导井在进行斜井放炮后的排险作业时，施工作业人员郭某将洞内空气压缩机打开送风不到 1h，谢某、周某便进洞作业。随后，郭某进洞发现谢某出事，将其救出后，又返回洞内救周某，发现周某已无生命反应。郭某当即通知施工负责人李某和黄某，李某、黄某也进入洞内进行救援。最终，谢某和周某经抢救无效确诊死亡，郭某和李某中毒受伤。事故造成 2 人死亡，2 人受伤。

（2）事故原因。

1）引水隧道通风系统不健全。洞外通风风筒上没有安装风机且风带多处破烂，独头巷道物没有通风设备，更没有工作面的局部通风设备设施，而是利用空气压缩机风钻机仅有的一点风既打钻又供作业人员呼吸供氧。

2）现场管理人员施救不当。李某、郭某2人在作业人员周某、谢某已严重缺氧窒息并摔伤的情况下，未配备必要的现场应急救援设备、现场救援环境不明、未采取防护措施就冒险进入隧洞导井，盲目采取不当救援方法组织施救，导致其2人中毒受伤。

3）引水隧道导井的安全管控措施现场落实不到位。在未进行有毒气体和氧含量检测分析，也未采取安全防范措施的情况下，允许作业人员进入4号引水隧道导井作业。

（3）事故防范措施。

1）强化安全生产主体责任落实，加强全员安全教育，强化对从业人员教育培训，增强自我保护意识。

2）加大企业安全生产投入，提供施工中必备的劳动防护用品、用具和检测仪器，配齐配全安全设备设施。

3）制定和完善各类专项应急救援预案并强化应急演练。建立安全生产预警机制。建立救援队伍或与专业救援队伍签订救援协议，配备兼职救援人员，配备必要的应急救援装备。

2.13.18 主要责任

是指直接导致事故发生，对事故承担主体责任者。

【来源：《国家电网有限公司安全事故调查规程》（国家电网

安监〔2020〕820 号）5.1.1】

2.13.19 同等责任

是指事故发生或扩大由多个主体共同承担责任者,包括共同责任和重要责任。

【来源:《国家电网有限公司安全事故调查规程》(国家电网安监〔2020〕820 号)5.1.2】

2.13.20 次要责任

是指间接导致事故发生,承担事故发生或扩大次要原因的责任者,包括一定责任和连带责任等。

【来源:《国家电网有限公司安全事故调查规程》(国家电网安监〔2020〕820 号)5.1.3】

2.13.21 直接经济损失

因事故造成人身伤亡及善后处理支出的费用和毁坏财产的价值。

【来源:GB/T 15236—2008《职业安全卫生术语》3.4】

解析:直接经济损失的统计范围:

(1)人身伤亡后所支出的费用,包括医疗费用(含护理费用)、丧葬及抚恤费用、补助及救济费用、歇工工资。

(2)善后处理费用,包括处理事故的事务性费用、现场抢救费用、清理现场费用、事故罚款和赔偿费用。

(3)财产损失价值,包括固定资产损失价值、流动资产损失价值。

2.13.22 间接经济损失

因事故导致产值减少、资源破坏和受事故影响而造成其他损失的价值。

【来源：GB/T 15236—2008《职业安全卫生术语》3.5】

解析：间接经济损失的统计范围包括：

（1）停产、减产损失价值。

（2）工作损失价值。

（3）资源损失价值。

（4）处理环境污染的费用。

（5）补充新职工的培训费用。

（6）其他损失费用。

抽水蓄能电站基建安全管理
名词术语解析

3

基建安全常用
缩写词

3.1.1　一岗双责

指既要对所在岗位应当承担的具体业务工作负责，又要对所在岗位应当承担的安全生产责任负责。

3.1.2　双准入

施工单位开展施工作业前的安全准入条件，包括企业资质和关键岗位人员资格两个方面。

解析：双准入管理是指通过安全资信备案、考核评价等方式，对需进入施工现场从事施工作业的企业和人员，在进场前和实施过程中所进行的安全许可、动态管控等相关管理工作。施工单位的资质和现场作业人员资格符合要求后方可开展相应施工作业任务。

3.1.3　两票三制

"两票"：工作票、操作票。

"三制"：交接班制、巡回检查制、设备定期试验轮换制。

3.1.4　三个必须

管行业必须管安全、管业务必须管安全、管生产经营必须管安全。

同义词：三管三必须。

【来源：《地方党政领导干部安全生产责任制规定》（厅字〔2018〕13 号）第四条】

3.1.5　三宝

安全帽、安全带、安全网。

解析：安全帽是防冲击的主要防护用品，每顶安全帽上都应有制造厂名称、商标、型号、许可证号，生产年月、材质、检验合格证；佩戴安全帽时必须系紧下颚帽带，防止安全帽掉落。

安全带用于防止人体坠落发生，从事高处作业人员必须按规定正确佩戴使用；安全带的带体上缝有永久字样的商标、合格证和检验证，合格证上注有产品名称、生产年月、拉力试验、冲击试验、制造厂名、检验员姓名等信息。安全带不得低挂高用，在每次使用时均应进行检查，新带在使用1年后应进行抽样试验，旧带应每隔6个月抽样试验一次。

安全网应重点检查安全网的材质及使用情况；每张安全网出厂前，必须有国家制定的监督检验部门批量验证和工厂检验合格证。

3.1.6 三交三查

三交：交任务、交安全、交技术；三查：查衣着、查"三宝"、查精神状态。

3.1.7 继电保护防"三误"

防"误碰"、防"误接线"、防"误整定"。

3.1.8 四个管住

管住计划、管住队伍、管住人员、管住现场。

解析：四个管住中四个要素彼此联系、相互融合。管住计划是作业风险管控的源头，管住队伍是保障现场作业安全的基础，管住人员是作业风险管控措施落实的关键，管住现场是风险管控和安全措施聚焦的核心。四个管住就是紧紧围绕这四个要素，综合运用管理和技术手段，在关键环节协同发力、严格管控，切实规范施工作业组织管理，实现作业风险全过程可控、能控、在控。

3.1.9 四不两直

是指"不发通知、不打招呼、不听汇报、不用陪同接待、直奔基层、直插现场"的安全生产暗查暗访工作制度。

【来源：国家安全监管总局办公厅《关于建立健全安全生产"四不两直"暗查暗访工作制度的通知》（安监总厅〔2014〕96号）】

3.1.10 四不伤害

不伤害自己、不伤害他人、不被他人伤害、保护他人不受伤害。

3.1.11 四不放过

指在事故处理中坚持事故原因未查清不放过、责任人员未处理不放过、整改措施未落实不放过、有关人员未受到教育不放过。

【来源：DL/T 5370—2017《水电水利工程施工通用安全技术规程》2.0.4】

3.1.12 四口

在建工程的预留洞口、通道口、电梯井口、楼梯口。

【来源：JGJ 59—2011《建筑施工安全检查标准》3.13.3】

3.1.13 安全生产"五同时"

企业主要负责人及各级职能机构部门的负责人在计划、布置、检查、总结、评比生产的时候，同时计划、布置、检查、总结、评比安全生产。

【来源：《国务院关于加强企业生产中安全工作的几项规定》】

3.1.14 五落实、五到位

（1）必须落实"党政同责"要求，董事长、党组织书记、总经理对本企业安全生产工作共同承担领导责任。

（2）必须落实安全生产"一岗双责"，所有领导班子成员对分管范围内安全生产工作承担相应职责。

（3）必须落实安全生产组织领导机构，成立安全生产委员会，由董事长或总经理担任主任。

（4）必须落实安全管理力量，依法设置安全生产管理机构，配齐配强注册安全工程师等专业安全管理人员。

（5）必须落实安全生产报告制度，定期向董事会、业绩考核部门报告安全生产情况，并向社会公示。

（6）必须做到安全责任到位、安全投入到位、安全培训到位、安全管理到位、应急救援到位。

【来源：国家安全监管总局《关于印发企业安全生产责任体系五落实五到位规定的通知》（安监总办〔2015〕27号）】

解析： 为进一步健全安全生产责任体系，强化企业安全生产主体责任落实，2015 年，原国家安全监管总局印发《企业安全生产责任体系五落实五到位规定》（安监总办〔2015〕27 号），现将相关内容解读摘录如下：

第一条：必须落实"党政同责"要求，董事长、党组织书记、总经理对本企业安全生产工作共同承担领导责任。

企业的安全生产工作能不能做好，关键在于主要负责人。实践表明，凡是企业主要负责人高度重视的、亲自动手抓的，安全生产工作就能够得到切实有效的加强和改进。因此必须明确企业主要负责人的安全生产责任，促使其高度重视安全生产工作，保证企业安全生产工作有人统一部署、指挥、推动、督促。企业中的基层党组织是党在企业中的战斗堡垒，承担着引导监督企业遵守法律法规，参与企业重大问题决策、促进企业健康发展的重要职责。各类企业必须要落实"党政同责"的要求，党组织书记要和董事长、总经理共同对本企业的安全生产工作承担领导责任，也要抓安全、管安全，发生事故要依法依规一并追责。

第二条：必须落实安全生产"一岗双责"，所有领导班子成员对分管范围内安全生产工作承担相应职责。

安全生产工作涉及企业生产经营活动的各方面、各环节、各岗位。抓好安全生产工作，企业必须要按照"一岗双责""管业务必须管安全、管生产经营必须管安全"的原则，建立健全覆盖所有管理和操作岗位的安全生产责任制，明确企业所有人员在安全生产方面所应承担的职责，并建立配套的考核机制，确保责任制落实到位。

第三条：必须落实安全生产组织领导机构，成立安全生产委员会，由董事长或总经理担任主任。

企业安全生产工作涉及各个部门，协调任务重，难以由一个部门单独承担。因此，企业要成立安全生产委员会来加强对安全生产工作的统一领导和组织协调。企业安全生产委员会一般由企业主要负责人、分管负责人和各职能部门负责人组成，主要职责是定期分析企业安全生产形势，统筹、指导、督促企业安全生产工作，研究、协调、解决安全生产重大问题。安全生产委员会主任必须要由企业主要负责人（董事长或总经理）来担任，这有助于提高安全生产工作的执行力，有助于促进安全生产与企业其他各项工作的同步协调进行，有助于提高安全生产工作的决策效率。

第四条：必须落实安全管理力量，依法设置安全生产管理机构，配齐配强注册安全工程师等专业安全管理人员。

安全生产管理机构和安全生产管理人员，是企业开展安全生产管理工作的具体执行者，在企业安全生产中发挥着不可或缺的作用。分析近年来发生的事故，企业没有设置相应的安全生产管理机构或者配备必要的安全生产管理人员，是重要原因之一。因此，对一些危险性较大行业的企业或者从业人员较多的企业，必须设置专门从事安全生产管理的机构或配置专职安全生产管理人员，确保企业日常安全生产工作时时有人抓、事事有人管。

第五条：必须落实安全生产报告制度，定期向董事会、业绩考核部门报告安全生产情况，并向社会公示。

企业安全生产责任制建立后，还必须建立相应的监督考核机制，强化安全生产目标管理，细化绩效考核标准，并严格履职考核和责任追究，来确保责任制的有效落实。《安全生产法》第二十二条规定：生产经营单位应当建立相应的机制，加强对全员安全生产责任制落实情况的监督考核，保证全员安全生产责任制的落实。安全生产报告制度，是监督考核机制的重要内容。安全生产管理机构或专职安全生产管理人员要定期对企业安全生产情况进行监督考核，定期向董事会、业绩考核部门报告考核结果，并与业绩考核和奖惩、晋升制度挂钩。报告主要包括企业安全生产总体状况、安全生产责任制落实情况、隐患排查治理情况等内容。

第六条：必须做到安全责任到位、安全投入到位、安全培训到位、安全管理到位、应急救援到位。

从实际情况看，许多事故发生的重要原因就是企业不具备基本的安全生产条件，为追求经济利益，冒险蛮干、违规违章，甚至非法违法生产经营建设。《安全生产法》第二十条规定：生产经营单位应当具备本法和有关法律、行政法规和国家标准或者行业标准规定的安全生产条件；不具备安全生产条件的，不得从事生产经营活动。"五个到位"的要求在相关法律法规、规章标准中都有具体规定，是企业保障安全生产的前提和基础，是企业安全生产基层、基础、基本功"三基"建设的本质要求，必须认真落实到位。

3.1.15 五临边

未安装栏杆的平台临边、无外架防护的屋面临边、升降口临边、基坑临边、上下斜道临边。

3.1.16 "五新"安全教育

工程建设施工采用新工艺、新技术、新材料、新设备、新流程时，对有关从业人员进行有针对性的安全教育培训。

3.1.17 复工五项条件

（1）建设单位、监理单位、施工项目部主要负责人，安全管理、技术管理人员，施工负责人、专兼职安全员作业现场到位。

（2）建设单位主持召开复工前"收心会"，全面掌握复工作业内容，保证施工作业力能配置完备，完成施工作业安全风险动态评估后，下达复工令。

（3）施工机械和安全防护设施经检查完好，组织并记录作业环境踏勘结果，与停工前存在较大变化的已完成专项措施制定。

（4）完成新入场人员安全教育培训，剔除培训考试不合格人员，再培训情况有记录，入场考试未通过人员流向清晰。

（5）作业人员熟悉施工方案和作业指导书，完成复工前的安全技术交底。

3.1.18 五牌一图

在施工现场的进出口处设置的工程概况牌、管理人员名单及监督电话牌、消防保卫牌、安全生产牌、文明施工牌及施工现场总平面图等。

【来源：JGJ 59—2011《建筑施工安全检查标准》2.0.3】

3.1.19 电气安全"五防"

为防止误分、合断路器；防止带负荷分、合隔离开关；防止带电挂（合）接地线（接地开关）；防止带地线送电；防止误入带电间隔。

3.1.20 基建现场作业"十不干"

（1）无票的不干。

（2）工作任务、危险点不清楚的不干。

（3）危险点控制措施未落实的不干。

（4）超出作业范围未经审批的不干。

（5）未在接地保护范围内的不干。

（6）现场安全措施布置不到位、安全工器具不合格的不干。

（7）地下工程施工地质条件不明不干。

（8）高处作业防坠落措施不完善的不干。

（9）有限空间内气体含量未经检测或检测不合格的不干。

（10）工作负责人（专责监护人）不在现场的不干。

解析：

（1）无施工作业票的不干。

正确填用施工作业票是保证基建施工安全的基本措施。无票作业容易造成安全责任不明确，作业必备条件不齐备，保证安全的技术措施不完善等问题，进而造成管理失控发生事故。在防火重点部位或易燃、易爆区周围动用明火或进行可能产生火花的作业时，应填用动火工作票，落实动火安全责任和措施。施工作业票由工作负责人填写，经施工项目部技术员和安全员审查，风险等级较低的作业由施工队长签发，风险等级较高的作业项目，由项目经理签发。工作负责人通过宣读作业票的方式向全体作业人员交底，作业人员签名后实施。施工方法、机械（机具）、环境及作业现场风险等级等条件发生变化，应完善措施，重新报批，重新办理作业票，重新交底。

（2）工作任务、危险点不清楚的不干。

工作任务明确、作业危险点清楚，是保证作业安全的前提。工作任务、危险点不清楚，会造成不能正确履行安全职责、盲目作业、风险控制不足等问题。施工作业人员应熟悉作业范围、内容及流程，参加作业前的交底，掌握并落实安全措施，明确作业中的危险点。

（3）危险点控制措施未落实的不干。

采取全面有效的危险点控制措施，是现场作业安全的根本保障，分析出的危险点及预控措施也是施工作业票、施工作业风险控制卡等中的关键内容，在工作前向全体作业人员告知，能有效防范可预见性的安全风险。二级及以下施工安全风险等级工序作业由施工项目部组织开展风险控制。三级及以上施工安全风险等级工序作业由施工、监理、建设单位共同组织开展风险控制。作业前安全监护人现场逐项检查落实，有序组织施工作业。施工项目部作业负责人要在实际作业前组织对作业人员进行全员安全风险交底，安全风险交底与作业票交底同时进行并在作业票交底记录上全员签字。现场实际作业时，当施工人员发现风险四个维度（人、机、环境、管理）中因子与动态评估时选定内容发生明显变化时，现场应立即停止作业，将变化情况报施工项目部。施工项目部根据四个维度影响因素的实际情况，重新计算动态风险值及作业存在的安全风险等级，报监理项目部重新审核。

（4）超出作业范围未经审批的不干。

在作业范围内工作，是保障人员、设备安全的基本要求。擅自扩大工作范围、增加或变更工作任务，将使作业人员脱离原有安全措施保护范围，极易引发人身、设备等安全事故。作业部位、作业内容、控制措施、主要作业人员（安全监护人、工作负责人及特种作业人员）不变时，原则上可使用同一张作业票，并可连续使用至该项作业任务完成。增加工作任务时，若作业现场风险等级等条件发生变化，应完善措施，重新办理作业票。若增加工作任务时需变更施工方案、作业指导书或安全技术措施，应经措施审批人同意，监理项目部审核确认后重新交底。

（5）未在接地保护范围内的不干。

在施工现场专用变压器等电气设备上工作，工作接地能够有效防范检修设备或线路突然来电等情况，保护接地能够有效防范电气装置的金属外壳、配电装置的构架和线路杆塔感应电触电等情况。未在接地保护范围内作业，如果检修设备突然来电或电气设备绝缘被击穿，或邻近高压带电设备存在感应电，危及人身和设备安全。检修设备停电后，作业人员必须在接地保护范围内工作。禁止作业人员擅自移动或拆除接地线。

（6）现场安全措施布置不到位、安全工器具不合格的不干。

悬挂标示牌和装设遮拦（围栏）是保证安全的技术措施之一。标示牌具有警示、提醒作用，不悬挂标示牌或悬挂错误存在误投、误登、误碰带电设备的风险。围栏具有阻隔、截断的作用，如未在道路、通道、洞、孔、井口、高处平台边缘等设置安全防护栏杆，未在高边坡、基坑边坡设置安全防护栏杆或挡墙，未在栏杆底部设置挡脚板，存在人员失稳坠落、高处零散物件坠落伤人的风险；未在悬崖陡坡处的机动车道路、平台作业面等临空边缘设置安全墩（墙），存在车辆因故障或误操作导致坠毁风险。安全工器具能够有效防止触电、灼伤、坠落、摔跌等，保障工作人员人身安全。合格的安全工器具是保障现场作业安全的必备条件，使用前应认真检查无缺陷，确认试验合格并在试验期内，拒绝使用不合格的安全工器具。

（7）地下工程施工地质情况、环境条件不明不干。

地下洞室开挖等属三级及以上风险施工作业，掌握洞室地质围岩、相邻施工面作业等情况，采取相应安全技术措施，并由设计及施工单位地质人员对施工作业人员进行地质交底，是保证施工安全的基本条件。通过分析洞室超前地质预报、永久和临时安全监测数据，预判地质情况并制定相应开挖、支护措施，同时，统一协调相邻洞室爆破作业时间和流程，有序撤离作业人员、设备至安全区域，统一协调作业，并做到洞室照明充足，风、水、电等措施符合安全技术规范要求，最大限度保证施工作业安全。

（8）高处作业防坠落措施不完善的不干。

高坠是高处作业最大的安全风险，水电基建现场的地下洞室、高边坡开挖支护作业、斜井隧道开挖、大坝填筑、营房建设、施工用电立杆架线等作业面均存在高坠风险。高处作业人员应正确使用安全带，宜使用全方位防冲击安全带，杆塔组立、脚手架施工等高处作业时，应采用速差自控器等后备保护设施。安全带及后备防护设施应高挂低用。高处作业过程中，应随时检查安全带绑扎的牢靠情况。安全带使用前应检查是否在有效期内，是否有变形破裂等情况，禁止使用不合格的安全带。高处作业人员在转移作业地点过程中，不得失去安全保护。在坝顶、陡坡、屋顶、悬崖、杆塔、吊桥、脚手架以及其他危险边沿进行悬空高处作业时，临空面应搭设安全网或防护栏杆。安全网应随着建筑物升高而提高，全网距离工作面的最大高度不超过 3m。霜、雪季节高处作业，应及时清除各走道、平台、脚手板、工作面等处霜、雪、冰，采取防滑措施，否则不得施工。

（9）有限空间内气体含量未经检测或检测不合格的不干。

有限空间的检测指标一般包括氧浓度、易燃易爆物质（可燃性气体、爆炸性粉尘）浓度、有毒有害气体浓度。作业场所空气中的含氧量应为 19.5%～23%，若空气中含氧量低于 19.5%，应有报警信号，有毒物质浓度应符合 GBZ 2.1 和 GBZ 2.2 规定，空气中可燃气体浓度应低于可燃烧极限或爆炸极限下限的 10%。对油罐、管道的检修，空气中可燃气体浓度应低于可燃烧极限下限或爆炸极限下限的 1%。

（10）工作负责人（专责监护人）不在现场的不干。

工作监护是安全组织措施的最基本要求，工作负责人是执行工作任务的组织指挥者和安全负责人，工作负责人、专责监护人应始终在现场认真监护，及时纠正不安全行为。专责监护人临时离开时，应通知被监护人员停止工作或离开工作现场，专责监护人必须长时间离开工作现场时，应变更专责监护人。工作期间工作负责人若因故暂时离开工作现场时，应指定能胜任的人员临时代替，并告知工作班成员。基建现场爆破、高边坡、隧洞、水上

（下）、高处、多层交叉施工、大型或特殊脚手架安装及拆除、大型施工设备安装及拆除、预应力张拉、无损检测等危险作业应有专项安全技术措施，设专人进行安全监护。施工区域明火作业、运输卸车及大件运输、开挖支护的钻孔及喷锚、土建重机、射线探伤、电缆敷设放线、整理带电的高压电缆、高压预试、倒闸操作和投产系统调试等作业应设专人安全监护。进入金属容器（搅拌筒、破碎机、油水气容器及管路）、井、箱、柜、深坑、隧道、电缆夹层内等有限空间内部作业时，应在作业入口处设置专人安全监护。拆除爆破工作应由具有资质的专业队伍承担作业，有技术和安全人员在现场监护。

3.1.21 起重作业"十不吊"

（1）超载和斜拉不准吊。

（2）散装物件装得太满或捆扎不牢不准吊。

（3）无指挥，乱指挥和指挥信号不明不准吊。

（4）吊物边缘锋利无防护措施不准吊。

（5）吊物上站人和堆放零散物件不准吊。

（6）埋在地下的构件不准吊。

（7）安全装置失灵不准吊。

（8）雾天或光线阴暗看不清吊物不准吊。

（9）高压线下面或离高压线过近不准吊。

（10）六级以上强风不准吊。

4 引用文件

GB 2894—2008 安全标志及其使用导则

GB/T 3883.1—2014 手持式、可移式电动工具和园林工具的安全

GB/T 4968—2008 火灾分类

GB/T 5907.1—2014 消防词汇 第 1 部分：通用术语

GB 6722—2014 爆破安全规程

GB/T 14659—2015 民用爆破器材术语

GB/T 15236—2008 职业安全卫生术语

GB/T 15565—2020 图形符号术语

GB 18218—2018 危险化学品重大危险源辨识

GB/T 29639—2020 生产经营单位生产安全事故应急预案编制导则

GB/T 33000—2016 企业安全生产标准化基本规范

GB/T 45001—2020 职业健康安全管理体系要求及使用指南

GB 50348—2018 安全防范工程技术标准

GB 50720—2011 建设工程施工现场消防安全技术规范

AQ/T 9004—2008 企业安全文化建设导则

AQ/T 9007—2019 生产安全事故应急演练基本规范

AQ/T 9009—2015 生产安全事故应急演练评估规范

DL/T 325—2010 电力行业职业健康监护技术规范

DL/T 1919—2018 发电企业应急能力建设评估规范

DL/T 5274—2012 水电水利工程施工重大危险源辨识及评价导则

DL/T 5370—2017 水电水利工程施工通用安全技术规程

DL/T 5372—2017 水电水利工程金属结构与机电设备安装安全技术规程

DL/T 5373—2017 水电水利工程施工作业人员安全操作规程

NB/T 10096—2018 电力建设工程施工安全管理导则

SL 721—2015 水利水电工程施工安全管理导则

JGJ 46—2005 施工现场临时用电安全技术规范

XF836—2016 建设工程消防验收评定规则

XF1290—2016 建设工程消防设计审查规则

T/CSEB 0007—2019 爆破术语

T/CSEB 0009—2019 爆破安全评估规范

T/CSEB 0010—2019 爆破安全监理规范

COSHA 004—2020 危险源辨识、风险评价和控制措施策划指南

《中华人民共和国安全生产法》(中华人民共和国主席令第88号)

《中华人民共和国职业病防治法》(中华人民共和国主席令第24号)

《生产安全事故报告和调查处理条例》（国务院令第 493 号）

《特种设备安全监察条例》（国务院令第 549 号）

《电力建设工程施工安全监督管理办法》（国家发展和改革委员会令第 28 号）

《安全生产事故隐患排查治理暂行规定》（原国家安监总局令第 16 号）

《建设项目安全设施"三同时"监督管理办法》（原国家安监总局令第 77 号）

《生产经营单位安全培训规定》（原国家安监总局令第 80 号）

《特种作业人员安全技术培训考核管理规定》（原国家安监总局令第 80 号）

《生产安全事故应急预案管理办法》（应急管理部令第 2 号）

《企业安全生产费用提取和使用管理办法》（财企〔2012〕16 号）

《水电工程费用构成及概（估）算费标准（2013 版)》

《建筑施工特种作业人员管理规定》（建质〔2008〕75 号）

《特种设备目录》（质检总局 2014 第 114 号）

《国家电网有限公司安全生产反违章工作管理办法》（国家电网企管〔2014〕70 号）

《国家电网公司电力安全工器具管理规定》（国家电网企管〔2014〕748 号）

《国家电网有限公司安全事故调查规程》（国家电网安监〔2020〕820 号）

《国网新源控股有限公司安全性评价管理办法》（新源安监〔2021〕55 号）